德博诺创新思考经典系列
Edward de Bono

Handbook for a Positive Revolution

思考的革命

[英]爱德华·德博诺 著

柏惠鸿 译

中国科学技术出版社
·北京·

Copyright © IP Development Corporation, 1991
This edition first published as HANDBOOK FOR A POSITIVE REVOLUTION in 2018 by Vermilion, an imprint of Ebury Publishing. Ebury Publishing is part of the Penguin Random House group of companies
北京市版权局著作权合同登记　图字：01-2023-0069

图书在版编目（CIP）数据

思考的革命 /（英）爱德华·德博诺（Edward De Bono）著；柏惠鸿译 . — 北京：中国科学技术出版社，2023.8

书名原文：Handbook for a Positive Revolution

ISBN 978-7-5236-0074-0

Ⅰ . ①思… Ⅱ . ①爱… ②柏… Ⅲ . ①思维方法 Ⅳ . ① B804

中国国家版本馆 CIP 数据核字（2023）第 039148 号

策划编辑	申永刚　方　理	责任编辑	申永刚
封面设计	今亮新声	版式设计	蚂蚁设计
责任校对	张晓莉	责任印制	李晓霖

出　　版	中国科学技术出版社
发　　行	中国科学技术出版社有限公司发行部
地　　址	北京市海淀区中关村南大街 16 号
邮　　编	100081
发行电话	010-62173865
传　　真	010-62173081
网　　址	http://www.cspbooks.com.cn

开　　本	787mm×1092mm　1/32
字　　数	81 千字
印　　张	5.25
版　　次	2023 年 8 月第 1 版
印　　次	2023 年 8 月第 1 次印刷
印　　刷	河北鹏润印刷有限公司
书　　号	ISBN 978-7-5236-0074-0/B·122
定　　价	62.00 元

（凡购买本社图书，如有缺页、倒页、脱页者，本社发行部负责调换）

Dear Chinese Readers,

These books are practical guides on how to think.

My father said "you cannot dig a hole in a different place by digging the same hole deeper". We have learned to dig holes using logic and analysis. This is necessary but not sufficient. We also need to design new approaches, to develop skills in recognizing and changing how we look at the situation. Choosing where to dig the hole.

I hope these books inspire you to have many new and successful ideas.

Caspar de Bono

亲爱的中国读者们，

　　这套书是关于如何思考的实用指南。

　　我父亲曾说过："将同一个洞挖得再深，也无法挖出新洞。"我们都知道用逻辑和分析来挖洞，这很必要，但并不够。我们还需要设计新的方法，培养自己的技能，来更好地了解和改变我们看待事物的方式，即选择在哪里挖洞。

　　希望这套书能激发您产生许多有效的新想法。

卡斯帕·德博诺

德博诺全球总裁，爱德华·德博诺之子

荣誉推荐

德博诺用最清晰的方式描述了人们为何思考以及如何思考。

——伊瓦尔·贾埃弗（Ivar Giaever）

1973 年诺贝尔物理学奖获得者

非逻辑思考是我们的教育体制最不鼓励和认可的思考模式，我们的文化也对以非逻辑方式进行的思考持怀疑态度。而德博诺博士则非常深刻地揭示出传统体制过分依赖于逻辑思考而导致的错误。

——布莱恩·约瑟夫森（Brian Josephson）

1973 年诺贝尔物理学奖获得者

德博诺的创新思考法广受学生与教授们的欢迎，这套思考工具确实能使人更具创造力与原创力。我亲眼见证了它在诺贝尔奖得主研讨会的僵局中发挥作用。

——谢尔登·李·格拉肖（Sheldon Lee Glashow）

1979年诺贝尔物理学奖获得者

没有比参加德博诺研讨会更好的事情了。

——汤姆·彼得斯（Tom Peters）

著名管理大师

我是德博诺的崇拜者。在信息经济时代，唯有依靠自己的创意才能生存。水平思考就是一种有效的创意工具。

——约翰·斯卡利（John Sculley）

苹果电脑公司前首席执行官

德博诺博士的课程能够迅速愉快地提高人们的思考技巧。你会发现可以把这些技巧应用到各种不同的事情上。

——保罗·麦克瑞（Paul MacCready）

沃曼航空公司创始人

德博诺的工作也许是当今世界上最有意义的事情。

——乔治·盖洛普（George Gallup）

美国数学家，抽样调查方法创始人

在协调来自不同团体、背景各异的人方面，德博诺提供了快速解决问题的工具。

——IBM 公司

德博诺的理论使我们将注意力集中于激发员工的创造力，可以提高服务质量，更好地理解客户的所思所想。

——英国航空公司

德博诺的思考方法适用于各种类型的思考，它能使各种想法产生碰撞并很好地协调起来。

——联邦快递公司

水平思考就是可以在 5 分钟内让你有所突破，特别适合解决疑难问题！

——拜耳公司

创新并不是少数人的专利。实际上，每个人的思想中都埋藏着创新的种子，平时静静地沉睡着。一旦出现了适当的工具和引导，创新的种子便会生根发芽，破土而出，开出绚烂的花。

——默沙东（MSD）公司

水平思考在拓宽思路和获得创新上有很大的作用，这些创新不仅能运用在为客户服务方面，还对公司内部管理有借鉴意义。

——固铂轮胎公司

（德博诺的课程让我们）习得如何提升思维的质量，增加思考的广度和深度，提升团队共创的质量与效率。

——德勤公司

水平思考的工具，可以随时应用在工作和生活的各个场景中，让我们更好地发散思维，收获创新，从内容中聚焦重点。

——麦当劳公司

创造性思维真的可以做到在毫不相干的事物之间建立神奇的联系。通过学习技巧和方法，我们了解了如何在工作中应用创造性思维。

——可口可乐公司

（德博诺的课程）改变了个人传统的思维模式，使思考更清晰化、有序化、高效化，使自己创意更多，意识到没有什么是不可能的，更积极地面对工作及生活。

——蓝月亮公司

（德博诺的课程）改变了我们的思维方法，创造了全新的思考方法，有助于解决生活及工作中的实际问题，提高创造力。

——阿克苏诺贝尔中国公司

（德博诺的课程让我们）学会思考，可以改变自己的思维方式。我们掌握了工具方法，知道了应用场景，有意识地使用思考序列，可以有意识地觉察。

——阿里巴巴公司

解决工作中的问题,特别是一些看上去无解的问题时,可以具体使用水平思考技能。

——强生中国公司

根据不同的创新难题,我们可以选择用多种水平思考工具组合,发散思维想出更多有创意的办法。

——微软中国公司

总序

改变未来的思考工具

面对高速发展的人工智能时代，人们难免对未来感到迷茫和无所适从。如何才能在激烈的市场竞争中脱颖而出，成为行业的佼佼者？唯有提升自己的创造力、思考能力和解决问题的底层思维能力。

而今，我们向您推荐这套卓越的思考工具——爱德华·德博诺博士领先开发的思维理论。自1967年在英国剑桥大学提出以来，它已被全球的学校、企业团队、政府机构等广泛应用，并取得了巨大的成就。

在过去的半个世纪里，德博诺博士全心全意努力改善人类的思考质量——为广大企业团队和个人创造价值。

德博诺思考工具和方法的特点，在于它的根本、实用和创新。它不仅能提高工作效率，还能帮助我们找到思维的突破点，发现问题，分析问题，创造性地解决问题，进而在不断变化的时代中掌握先发优势，超越竞争，创造更多价值。

正是由于这套思考工具的卓越表现，德博诺思维训练机构在全球范围内备受企业高管青睐，特别是在世界500强企业中广受好评。

自2003年我们在中国成立公司以来，在培训企业团队、领导者的思维能力上，我们一直秉承着德博诺博士的理念，并通过20年的磨炼，培养和认证了一批优秀的思维训练讲师和资深顾问，专门服务于中国企业。

我们提供改变未来的思考工具。让我们一起应用智慧的力量思考未来，探索未来，设计未来，创造未来和改变未来。

赵如意

德博诺（中国）创始人＆总裁

编者序

爱德华·德博诺是创造性思维领域的权威，各大出版商都十分希望能重印他这本发人深省的著作。

作者完成本书的年代与当下的政治和社会背景大相径庭，书中引用的许多案例都反映出那个时代的缩影。尽管在过去的三十年间，全球的政治、社会、经济环境都发生了很大的变化，但本书探讨的核心问题仍然值得重视，即使在如今快节奏的生活中，仍有很多可借鉴之处。书中所讲述的基本原则和主题将鼓励我们改变思维方式，正如作者所说："在快速变化的世界中，我们会发现，我们的思考能力并不能满足我们对思考的需求。"

爱德华·德博诺所讲授的观点和方法对今天的我们仍然有效，就像这本书刚出版时一样，并将在未来的很多年里继续引发读者的共鸣。

序

"何必呢？"这句话表达了一种充满理性的生活方式：走自己的路，做自己的事，在复杂的世界中找到一片净土，然后在自己的地盘快乐而满足地生活下去。为世界上的其他人和事感到焦虑实在是一件徒劳无用的事，就让那些想改变世界的人去操心吧，反正在我们有生之年，这个世界绝对不会毁灭。

我无意反驳这种观点，而是想为另一群人写这本书：这些人知道他们与自己身处其中的世界密不可分，包括自己的内心世界、狭义上所处的世界以及广义上的世界。而除此之外的人，就让他们像草地上的牛那样满足地啃食着吧，今日有草今日欢，今宵有酒今宵醉。

我始终关注人类的思考，因为我相信，无论是对人类当下的幸福和发展，还是对长期的快乐与发展，思考都起到了关键作用。我认为我们在思考这件事上做得太少，而在争吵以及对不同立场的维护与反驳上花了太多时间。这导致我们缺乏进步所必需的创造力、建设性及设计能力。事实上，我们荒谬地强调否定的重要性，这恰恰严重阻碍了进步。

然而本书的主要内容并非是关于思考习惯和方法的，而是关于我们可以运用思维方法的基本背景和环境。如果我们本身就有消极倾向，那么思维方法就会让我们变得消极；而如果我们有积极倾向，思维方法则会将我们引向积极。这里所说的消极或积极，不仅仅是一种当下的情感偏见，更是我们的基本生活态度。

有太多的人相信，通过批判性否定这种思维方式，我们所需要的思想会自然演化出来，就像在达尔文的进化论中，各种生命形态形成一样。这是非常危险的谬论。演化是非常缓慢和混乱的，无法充分利用已有的资源。那些不够好、但也不至于是灾难性的思想和制度将留存下来，它们不断地自我完善及防御，从而阻止更有效地利用资源。这一直是进化的底层逻辑。

这本书就是为那些已经意识到这种逻辑需要的人准备的。

在改变价值观的过程中，否定性思维在一些特定场景中很有用，如：施加压力、遏制过度越界、消除缺陷来改善某种思想、形成社会良知。但是在这一过程中,建设性和创造性的力量必须存在,从而获得稳定、循序渐进的进步,这正是积极革命的基础。如何产生这些建设性的力量,就是积极革命的意义所在。

爱德华·德博诺

目录

引言 　　　　　　　　　　　　　　　001

第一部分　必要性　　　　　　　　005

第1章　有效性和行动　　　　　　　007
第2章　消极革命　　　　　　　　　010
第3章　积极革命　　　　　　　　　012

第二部分　原则　　　　　　　　　015

第4章　建设性　　　　　　　　　　017
第5章　贡献　　　　　　　　　　　022
第6章　有效性　　　　　　　　　　033
第7章　自我提升　　　　　　　　　040
第8章　尊重　　　　　　　　　　　048

第三部分　方法　　055

第9章　感知　　057
第10章　命名　　065
第11章　标志　　073
第12章　组织　　080
第13章　传播　　087
第14章　教育　　091
第15章　思考　　097

第四部分　力量　　103

第16章　力量源泉　　105
第17章　社会群体　　115
第18章　存在的问题　　131
第19章　总结　　133

附录：如何运作一个高效俱乐部　　137

引言

这是一本关于"革命"的严肃手册。这种严肃"革命"的最大优点是它不会被人认真对待。没什么能比有效果又不被重视具有更大的力量。因为这样你就可以安静地低调做事,而不用忍受那些觉得自己被威胁的人的牢骚和抵制,甚至与他们发生冲突。

在积极革命中,没有任何一方是敌人。传统革命是否定性的,其能量来自反对。在斗争取得胜利的地方,新制度最终因缺乏活力而消亡,因为这种斗争逐渐成为传说中的记忆。

脱离"反对"某样东西的愤怒、仇恨和反对某物的激情,还有可能发生革命吗?脱离"敌人"所赋予的使命感和专注力,还有可能发生革命吗?很多人会说不可能。他们受制于一种过时而乏味的思维习惯,即"我是对的,你是错的"。

正义确实是一种传统的力量源泉。对敌人的单一看法确实能让专业革命者拥有凝聚力、共识和志同道合感。但积极革命不是为专业革命者定制的,而是更适用于普通人——那些水滴石穿促成改变的非专业人士。积极革命并不像石头那样具有野蛮自大的意识形态,试图造成强大的冲突;而是像水那样能够环绕和渗透,具有缓慢而稳定的力量。

积极革命的武器不是子弹和炸药,而是简单的人类感知。子弹和炸药也许能提供物理上的杀伤力,但只有当它们最终改变人们的观念和价值观时,才能真正发挥作用。既然如此,为什么不直接从观念和价值观入手呢?

积极革命中没有敌人,即使有些人很享受成为敌人的乐趣,在积极革命中也会难以如愿。少数人在一开始就愿意加入积极革命,也有些人等到它流行后才会加入。还有很多人,包括反对者,则会对它视而不见。大多数人在积极革命发展得比较成熟之前完全不会注意到它的发生。

在一个阳光明媚的夏日,早 9 点左右我写完了《我对你错》一书,半小时后我开始写本书。本书短小精悍又实用,是关于积极革命的指南。《我对你错》则提供了知识基础,并试图说明为什么传统的冲突性思维体系缺乏建设性。

《我对你错》这本书引发了来自四面八方的指责以及歇斯底里的愤怒——矛头直指我不知天高地厚地挑战了西方思维方式的神圣基础，而不是指向书的内容。最重要的是，这种古怪的愤怒恰恰表明，我们极其需要从传统的消极思维方式转向未来日渐重要的积极思维习惯。

本书于1989年底以葡萄牙语在巴西出版。然而任何地方其实都需要积极革命。在英国尤其如此，在那里"否定"往往被一群平庸之辈作为把持权力的手段。在读完本书或《我对你错》之后，一些善于思考的人可能会认为，否定和批判就像是婴儿的哭嚎而非人类高智商的表现。婴儿大哭通常是因为没有更好的方法获得关注，也没有能力采取其他行动。

这本书是一本实用指南而非学术论文，因此篇幅并不长。

在写这本书的过程中，我很清楚地意识到，有些内容看起来似乎是噱头和不必要的。我做好了准备接受这类批评，因为感知就是需要通过标志、口号和仪式才能得到强化，传统革命者在这一点上是正确的。大多数成功的世界性宗教都是通过这类从理性上看并不必要的仪式来维持其力量的。这类仪式使得情感力量得以持续性爆发,并为新感知的产生和传播提供了永久的种子。

这是属于你个人的革命指南。它是关于积极革命的永久的、具有象征意义的说明,而不是在某个早晨让你缓解饥饿的一碗麦片。在积极革命上投入越多,你从中得到的就越多。

积极革命是只与自己有关的个人革命吗?或者积极革命是社会性革命?又或者积极革命是国家性革命乃至国际性革命?这个问题必须由你自己来回答——因为它可能是上面任何一项,也可能是全部。

如果你想传播积极革命的思维,不妨购买本书赠予你的朋友们,或者鼓励他们自己去购买。这本书与其说是用来阅读的,不如说是指导你该怎么做的。

第一部分

必要性

思考的革命

EDWARD DE BONO

第 1 章
有效性和行动

如果我要设计一个系统，让身处其中的聪明人不能高效工作，那么我会这么设计：

1. 身居要职的人需要用智慧来捍卫自己的地位并谋求生存。为了生存，他们不得不关注眼前的短期利益，调动全部的才智和精力来保护自己。提出新的倡议是有风险的，因为它会导致出现新的敌人。听起来有点像现实中的政治？这并不是巧合，也不是身居高位者的错。这是系统设计时的自然行为。

2. 聪明人主要用他们的智慧来攻击、批评和责备别人，这很容易做到，而且风险很低。这也是备受推崇的西方传统思维"批判性地探索真理"。

3. 其余所有人的智力程度让他们能被动地过好自己的生活，并认为自己偶尔的投票行为对当地和世界事务产生了足够的贡献。他们认为在必要的时候，抗议、施压和威胁投票时改投他人就能让事情办成。人们认为，那些以完成任务为己任的人会对压力做出建设性反应。

两个力量相当的人正在朝相反的方向拉绳子，双方都在呼哧呼哧地喘气，由于用力而满脸通红，很明显双方都消耗了大量力气。然而从绳子的位置上你是看不出这些的，因为绳子根本没有移动。尽管实际上消耗了很多能量，整个系统仍然是完全静态的。

你发动汽车，想要加速，但车一直开得很慢，直到你突然意识到手刹没放开。

没有一条自然法则说过，花费精力努力工作一定会产生积极或有益的结果，只有以行动为导向，协调和组织起各种力量，它才会产生效果。

每个铁块都可以被认为是由成千上万个微小的磁铁组成的。这些小磁铁指向不同的方向，所以当它们相互拉拽时，整体作用力抵消为零。然而，如果所有的小磁铁排列起来指向同一个方向，那么这个铁块就成为磁铁并获得了神秘的磁力（图1-1）。

雨滴落下形成河流，河水朝着同一个方向作用，最终冲击出了壮丽的山脉和景观。而这需要的只是时间。

传统的消极革命由一个革命团体领导。按照革命成功者列宁的说法，它必须由权力集团领导，其他人跟随。

随意散乱

整齐排列

图1-1　磁铁

有没有可能反其道而行之发动革命？有没有可能先实现情绪和行动上的普遍转变？我相信，如果以感知而非子弹、炸药为武器，这是有可能的。

第 2 章
消极革命

在传统的消极革命中，往往有一个令人憎恨的敌人。正是这种仇恨赋予了革命凝聚力，并提供了强烈的使命感。

传统的消极革命是由革命攻击的对象来定义的。在传统革命中，革命者被其反对的对象所定义，例如殖民主义、资本主义、暴政等。

通过革命从现有模式转向另一种已知模式是相对容易的。

但如果没有可以转向的已知模式，那么传统的消极革命就毫无意义并具有风险。与"敌人"的斗争仍然给人一种使命感和目标感。斗争本身就是一种目的。革命的成功只在于斗争的胜利，然而这种情况下，即使革命成功，建立和管理社会所必需的有效经验却不足。在革命过程中极具价值的否定态度这时演变为派系之争，有时还变成了对"反革命分子"的镇压。消极和攻击的习惯并没有突然转变为积极的建构，这就是为什么从一开始就发起积极革命或许会更好。

积极革命与消极革命在以下方面形成鲜明对比：

- 建构而非攻击。
- 计划而非批判。
- 通过观念而非暴力促成改变。
- 利用信息的力量而非枪炮的力量。
- 像因地制宜的水而非棱角分明的石头。
- 允许方向上的变化，而非通过意识形态规定唯一方向。
- 是自组织系统，而非中央权威系统。

虽然积极革命是非暴力的，但它绝不是被动的。相反，积极革命强调的是行动和效果。

卡尔·马克思所说的革命，是从工业革命中以蒸汽机技术为标志的生产方式引发的不平等中获得的启发，而我的积极革命灵感则来源于电子信息时代所提供的机会。

第 3 章
积极革命

三条腿的凳子在粗糙的地面上是稳定的,而四条腿的椅子只有在平坦的地面上才能保持稳定。革命必须在艰难的条件下进行——事情并不总是一帆风顺。

积极革命有三条支撑腿。

1. 原则:基本原则是思维的指导方针,基本原则确定了思考和决策的方向。在积极革命中,我们用计划取代破坏,而计划必须有一个方向。

2. 方法:画家用笔创作,厨师用锅烹饪,木匠用锯伐木,那么,积极革命的方法和机制是什么?

3. 力量:积极革命不使用暴力的力量,它使用的是感知、信息和效果的力量,这些力量的用途比暴力广泛得多。

积极革命有五项基本原则。

我们可以用手作为积极革命的象征(图 3-1)。由于一只手有五根手指,我们很容易就能记住这五个基本原则。

1. **有效性**：脱离有效性，一切只是白日做梦。有效性意味着做好计划并付诸行动。有效性如同大拇指，没有大拇指，我们的手就很难发挥作用。

2. **建设性**：革命的方向是积极的而非消极的，是建设性的而非破坏性的。我们用食指来表示建设性，因为我们往往用食指指出方向和前进的道路。

3. **尊重**：尊重是你对待所有人的方式，要尊重他人的价值观和感情。革命由人民发起，也为人民服务，因

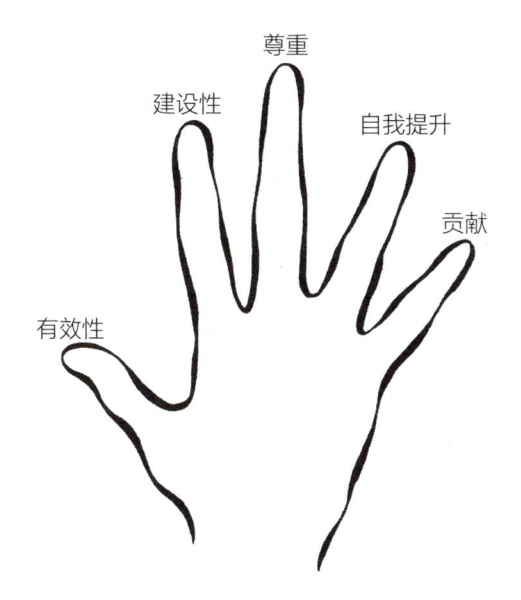

图 3-1 积极革命的象征——手

此尊重至关重要。我们用中指代表尊重，因为中指是最长的手指，而尊重是最重要的原则。如果你尚且不能对他人保持积极的态度，那么积极的意义何在？

4. **自我提升**：每个人都有权利和义务使自己变得更好，这既是革命的力量源泉，也是革命的最终目的。机器无法自我提升，但人类可以。如同无名指不太受到关注但客观存在一样，自我提升也时刻不能缺席。

5. **贡献**：贡献是积极革命的本质。重要的不是你想要什么，而是你能贡献什么。如果贡献如此重要，为什么它只是小指呢？这是为了提醒我们，即使力量很小，我们也可以做出贡献。最终，小的贡献累积起来就会产生大的影响。

第二部分

原则

思考的革命

EDWARD DE BONO

第 4 章
建设性

我们首先要解决方向的问题，因为没有方向就没有革命，而只有热情和牢骚。

食指代表的"建设性"原则就是方向。

建设性可以通过两种方式来定义：它是什么？它不是什么？

建设性是将积极的态度和想法化作行动。我们可以对一件事持积极态度，而把这种积极态度付诸行动就是所谓的建设性。

一个小孩把一块石头放在另一块石头上，这是具有建设性的，因为有新的东西被创造出来了。同理，盖房子是有建设性的，做饭也是有建设性的。

建设性是指在积极的意义上采取行动、进行构建、付诸实现。

力量和活动本身并不是建设性的。两个人朝相反方向拉绳子的例子就没有建设性。因为这样做投入了精力、开展了活动，但没有发生任何有用的事情。

坐着看五个小时电视没有什么建设性，只是在打发时间；种下一颗种子或雕刻一块木头是有建设性的。判断标准非常简单：这件事过去后会剩下什么？通过锻炼保持健康是有建设性的，练习弹吉他也是有建设性的。

只有当我们把建设性和贡献放在一起讨论，我们才真正开始进行积极革命。

建设性是随波逐流的反义词，是被动的反义词，是消极的反义词，也是破坏性的反义词。

有些人像河上的浮木一般随波逐流，总觉得自己什么也做不了，这是他的处世态度。事实上，每个人都可以在细微之处发挥自己的建设性。

有些人很被动，希望所有事情都由别人为他们做好。建设性是这些人开始觉得自己可以做些什么。富有建设性是我们看待世界的一个框架和方法，这意味着我们对自己能做什么而非可能发生什么抱有积极的期待。

有些人喜欢消极处世，他们喜欢批评、指责和攻击，这是一种消极的自我放纵。我们必须认识到，消极的态度是简单而低级的，消极既不英勇也不聪明。

从社会角度而言，需要适当降低批判性思维和消极情绪的价值。目前，我们对它们过于欣赏和看重了。我们必须学会说："可怜的家伙，他只会消极地看待一切。"

我们必须要把具有建设性的态度放在一个比消极处世更高的层次上。消极处世比较容易，因为只需要动动嘴皮子，而建设性则意味着要做点什么。但我们也可以在沟通中保持积极和建设性的态度。例如，指出消极所在，就是一种具有建设性的方式。

传统革命是具有破坏性的，有需要攻击和消灭的敌人；积极革命则具有建设性，有需要构建的新事物。

传统革命或许会主张："你是人民的敌人，必须被枪毙。"而积极革命也许会说："你在之前的活动中贡献不是很大，现在有一个截然不同的机会，你想发挥潜能来参与吗？"

有人说不破不立，要想构建就必须先破坏。的确，有时我们不得不先把东西拆解开来，以便用更好的方式重新把各个部分拼在一起，但这和破坏完全不是一回事。破坏本身既危险又浪费，对重建没有任何帮助。

朋友、聚会、美食、美酒，这些生活享受是否具有建设性呢？对于在这个过程中感到快乐的人而言，这当然是有建设性的。在传统革命中，我们主张"先苦后甜";而在积极革命中,我们则提倡"在积极革命的同时也要快乐"。在后续章节中,我们将说明,幽默是积极革命的关键。只有当享受生活成为我们的全部目的时,我们才会缺乏建设性,甚至无法享受生活。成就感是生命中更持久的乐趣之一。

计划

积极革命提倡计划而不是批评。我们不去指责某件事哪里出了问题,而是尝试思考:"怎样才能做得更好?"

诚然,有时建设性的批评可以消除人们做事方式上的缺陷,从而使整个过程变得更好,但批评的态度必须是建设性的。

计划的目的是把事情整合在一起,这样产出才会是有建设性的、有效的。产出可能是一顿饭、一所房子或一套税收制度。计划需要用到学校里从来不教的创造性和建设性思维,因为老师们在课堂上总是忙着教授知识、批判和分析。

一旦我们有了正确、积极、建设性的态度以及所需的理论,那么计划就决定了我们的行动会多有效。有效性是积极革命的五个基本原则之一，在后面的章节中我将展开讨论。

并不是每一种行动都同样有效，有时可能会白费力气，所以对于展开一个行动计划，一定要深思熟虑。

计划是一种将建设性力量集中于目标的方式，对备选方案、目标、优先级和可用资源的思考都是计划过程的一部分。

提前计划是值得做的，也是我们可以做到的。就让我们把它做好吧。

第 5 章
贡献

你走在一条街上,满地都是碎纸屑。这些纸片可能是从一辆载着废纸的卡车上面飘下来的;也可能是狗打翻垃圾桶后被风吹过来的;最有可能的是被人随手扔到地上的。于是你漫不经心地扔掉了手中的巧克力棒包装纸。既然街上已经这么脏了,再多扔一张包装纸又有什么关系呢?

也可能你心里觉得这条街太脏了,清理街道是当地有关部门的职责,他们没有做好自己的工作。

这个故事反映的是贡献的对立面。如果遵循贡献的原则,你就不会扔下手里的包装纸,无论这个举动是否将造成影响。当有足够多的人如你这样做时,街道会变得更干净、更好打扫。你甚至会捡起地上的纸,可能是一张、两张、三张。难道要清理整条街?并不需要,捡几张纸就够了。

当你捡起这些纸片的时候,建设性表现在哪里?

通过践行贡献的态度和原则,你其实在帮助自己。

同时你也在帮助街道变得更干净。

你树立了一个可以传播给其他人的榜样。

假设你家门前的路上有个坑,你试着把那个坑填上。没过多久,来往车辆导致那个坑又出现了,你又把它填上了。这是真正的贡献还是在浪费时间?事实上,你正在培养自己的贡献意识。即使坑没有被永久地填上,至少在一段时间内是填上了。或许你可以对这种贡献做出更好的计划:找到更好的填坑方法,警示司机这里有个坑,通知当地有关部门。

在积极革命的五项原则中,小指代表贡献,这提醒我们,力量再小也是贡献。

实施贡献原则的最大难点在于,大家都会认为:"我人微言轻,能做什么贡献?"这其实是消极被动的态度。

同样的,只是说"我把自己的工作做好足矣"也是不够的。这确实是非常重要的贡献,但还不够。

设想一下,你有一本"贡献日记",每天结束的时候会写下自己当天的贡献。某天你可能在日记中这样写:在街上捡起一张纸。另一天你可能这样写:帮老奶奶过马路。当然,也会有完全空白,没有贡献的日子,那时你真的会对自己说"今天我什么都做不了"吗？如果你觉得这种日记听起来很傻，问问自己为什么这么想。

贡献由三个要素组成：做出贡献的人；接受贡献的人；思考如何做出贡献的人。

积极革命中最重要的角色之一是"工作打包员"，也就是把普通人可以做出贡献的各种方式整理成清单。没什么比有时间和精力做贡献却不知道该做什么更糟糕的了，而临时想好要做什么并不容易。行动清单则可以把各个领域的经验汇集在一起。这类清单可以由专门设计有价值的贡献形式的团队来整理。

我们假设这类职业存在且显而易见，那么未来就业市场上最重要的角色之一将是"工作打包员"，他们负责规划哪些工作可以被完成并能创造价值。这样的工种将以通行的经济货币作为报酬。而贡献行为清单与之类似，只不过是以一种虚构的"情感货币"来支付报酬，这种货币终有一天会存在。

贡献清单可以包括以下内容：

- 收集和传递信息。
- 为了某个目的将人们聚集在一起。
- 向人们解释规章制度，帮助他们填表。

- 微教育，把东西教给愿意学习的人。
- 帮助生病或有残疾的人。
- 停止污染环境。
- 打扫卫生。
- 预防犯罪。
- 在当地或更大的范围内扩展贡献清单。
- 鼓励他人持建设性态度。
- 降低消极和被动的价值。
- 将本书中的信息传递给他人。
- 建立或加入项目小组。

建设性成就可以成为一种爱好。打算做某事并真正着手践行，这会给你带来巨大的愉悦感。这种将成就作为爱好的想法正是后续章节提到的"高效俱乐部"的基础。

关注的范围

我们能在哪些方面做出贡献？

想象有三个圆圈由小到大嵌套，最里面的圆圈代表你自己，中间的圆圈代表你的家人、朋友和社区，最外层的圆圈则代表国家和世界（图 5-1）。

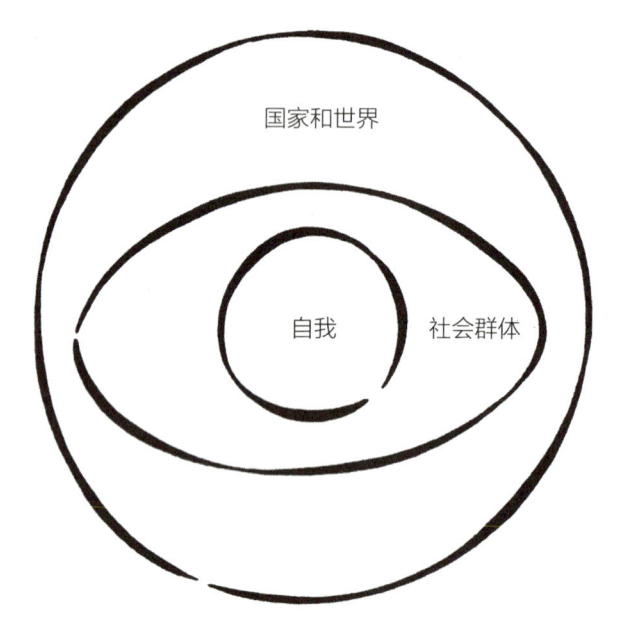

图 5-1　三个关注圈

1. 自我：你对自己有什么贡献？这包括技能、教育、培训和经验，还包括积极的态度、建设性的思维和贡献的意识。自我提升是积极革命的五项基本原则之一，所以自我是一个重要的贡献领域。

2. 社会群体：我其实可以建议用一个圆圈代表你的家人和朋友，另一个圆圈代表你生活和工作所在的集体。我不想这么做，因为家人、朋友和集体之间的差距已经很大了，所以，这一个圈子包括了你的家人、朋友、生活和工作的圈子。家人对你来说永远都是特别的，而既然在同一个圆圈里，你所处的群体也变得特别。你的家人和你所处的圈子之间没有边界。

3. **国家与世界**：这是一个很大的范围，但每个国家都是由人民组成的，世界是由许多国家组成的。在选举中把票投给谁、向政治家发出什么信号、如何做出努力让国家正常运转，这些都是第三个圈子里的问题。学习、阅读和写作对自己和国家都是一种贡献，种更多的粮食对国家也是一种贡献，降低犯罪率则对社会群体和国家都有贡献。

这三个圆圈也可以成为积极革命的另一种标志。

我们可以对任何行动提出以下问题：这个行动具有建设性吗？这个行动对哪些领域有贡献？

》 特殊人才和特殊岗位

有些人具备特殊的才能，因此可以做出更多的贡献。有些人身处特殊的位置，因此可以做出更多的贡献。有些人是财富创造者。他们可能是创业者，或是正在经营成熟的公司的管理者，也可能继承或购买了土地。财富创造在社会中很有价值，因为这可以提供就业机会、食物和商品，从而提升人们的生活水平；财富创造也可以生产出口商品，进而超越进口金额实现贸易顺差。

一些传统革命者批评财富创造者的理由是财富创造者剥削他人，使得工人们没有得到与其付出相匹配的报酬。这在很多情况下确实存在，而在过去更是如此。但有些地区的政府曾试图集中管理社会的财富创造需求，效果却不尽如人意。一些已知的问题确实得到了解决，但新的问题又出现了。

那么，如何利用企业家的才能、精力和冒险精神来造福社会呢？

这就需要采用贡献的概念。企业在就业、税收、提供优质商品和低成本商品、分红、基础设施、培训方面的贡献是什么？

企业必须在竞争激烈的世界中生存，同时必须赢利，否则没有人愿意投入资金。

冒险、进取、协调各方面和努力工作当然应该得到回报。奖励应该与贡献相关。举例而言，利润可能与员工人数和他们的薪资有关。如果我们能公平解决报酬和贡献的问题，那么财富创造者就能用他们的力量创造最大化的财富和贡献。

一些特殊的领导才能需要得到认可、训练和奖励。不是每个人都有能力成为领导者，也不是每个人都想成为领导者。领导者应该受到鼓励并被赋予责任——只要他们能展示出自己的建设性并做出贡献。领导力训练应该成为教育的一部分。

有人这样描述官僚主义：一群人为了一个共同的目标聚在一起，但很快他们就忘记了当初是为什么走到一起。许多官员似乎认为，政府机构存在的目的就是让他们生存下去，并从政府处获得报酬。然而官僚体系和其中的工作人员应该有一种强烈的贡献意识，不仅仅是对整体目标做出贡献，也应该对社会大众有所贡献。

一些政治家似乎也是为了自身利益——生存和继续掌权——而参与其中。这从某些角度看有一定的道理，因为政治家如果手中没有权力就很难有所作为。所以生存非常重要，而生存的关键就在于贡献。

贡献不仅仅是遵守规则。你可能一直奉公守法，但贡献却很少。

贡献是作出判断的基础。我们不问"这个人是对是错",也不问"这个人是好是坏",我们会问:"这个人的贡献是什么?"

≫ 自私

有些人只想为自己的利益做贡献,他们甚至不愿意为自我提升付出努力。这种人就是会欺骗和剥削他人的人。在别人排队的时候他们会插队,他们也会找到打败系统的方法。该如何对待这样的人呢?

这些人往往才华横溢。面对这种人,首先要看看他的才华能否被用在新的领域,也就是运用在建设性的游戏中。他们总是希望有机会发挥自己的进取心、才能和创造力。这些才能是否能通过建设性的方式加以利用呢?

在任何群体中,通过信息网络都能迅速识别出这样的人。用命名的方式更加容易识别出这样的人,这也是积极革命的一部分。命名的过程会让这个人失去周围的群体对他的尊重,而所有与他相关的往来都以这种尊重为基础(图 5-2)。

自私

封锁

图 5-2 自私与对抗自私

对抗自私的关键武器是感知。大男子主义、自私、自吹自擂的人经常被错视为具有英雄气概。年轻男性想要以此给周围的朋友和女孩儿留下深刻印象。改变这类人行为最有力的方式就是逐渐改变大家对这类人的感知。

"这一点都不聪明……"

"这一点都不勇敢……"

"这纯粹就是自私……"

几乎每个人都需要别人一定程度上的尊重。

第 6 章
有效性

我们用大拇指代表有效性这一基本原则,因为离开大拇指,手的作用就会大大被削弱。我们拿工具、铅笔或其他东西时都必须用到大拇指。

缺乏有效性,一切都是空谈。

如果不具备有效性,世界上最伟大的梦想永远只能是梦想。

不是每个人生来都拥有美貌或智慧,但每个人都能变得高效。

有效性是可以后天习得的技能。我们需要的只是付诸行动的意愿。

然而真正高效的人却很少。任何雇主都会优先聘用一个高效的人。就我个人而言,比起智慧,我更看重有效性。

为什么有效性如此之少?因为我们要不断积累,直到它成为一种习惯。否则,懒惰和情绪都会破坏我们的有效性。

什么是有效性？

有效性就是想到做一件事，就立即去做，就这么简单。

有效性有三个关键因素：

1. 控制：你可以控制自己的行为，知道自己要做什么。

2. 自信：就像一个熟练的工匠一样，你有信心能完成任务。

3. 纪律：要具有耐心、毅力和专注。

这三点不会通过某种意志性行为突然发生。像任何技能一样，有效性也必须通过训练和实践逐步建立。

所有的任务都可以被拆解为非常容易完成的小步骤。所以，每次前进一小步，就能完成任务（图6-1）。

同样，有效性的技能也可以一步一个脚印地逐渐积累起来。

给自己设定一系列小目标，然后逐个实现吧。

哪些事情是你可以控制的？守时是一件非常简单的事情，却是对有效性极好的训练。养成守时的习惯，需要给自己设定守时的任务。计划好在某个具体的时间与

大步骤

小步骤

图 6-1 拆解任务

朋友在比较远的地方见面，看看你们是否都能准时到达。

想象你开始用石头或木头雕刻积极革命的象征——手。你将非常缓慢而仔细地雕刻，每天雕刻一点儿。这个任务完全在你的控制之下。一开始，你只需要在木头或石头上刻出手的轮廓。做完之后看着不怎么样，但下一步你会让它变得更好。你会继续进行立体雕刻，用木头或石头刻出手的形状。之后你就可以进行三维的手掌雕刻了。

这是一个毫无意义的任务吗？不，这是在训练有效性中的耐心、专注和毅力。至于要做多少雕刻？没有限制。

有效性需要有所成就。我们喜欢看到成果，我们从成就中得到满足。

一个作家每天写一千字，坚持下去一年就能写五本书，所谓积少成多。但如果你等灵感来了才动笔，就可能永远写不出任何东西。

所以看着手上完成的雕刻，你会感到自己有所提升并获得成就感，然后可以把雕刻送给朋友。

每当有任务做完的时候，你应该停下来对自己说："我已经完成了那个任务，而且我做得很好。"

>> 高效的快乐

高效的美妙之处在于，它会成为快乐和幸福的源泉。主要原因如下：

1. 当我们参与某件事情时，这件事就会变得更有趣。当我们参与到有效性的技能中时，我们会对它更感兴趣，包括对自己和他人。为什么我做这件事非常高效？为什么我做那件事效率很低？

2. 当我们习惯于把有效性作为原则时，所有的任务都会变得容易起来。我们可以简单地决定要做一件事，然后就去做。不需要与当下的情绪进行斗争（"我不想做这件事"），而是直接去做，不再纠结。

3. 成就使人快乐。回望过往的成就，我们充满自豪。随着时间的推移，我们取得了越来越多的成就。你也可以记录下自己的成就。

4. 当我们变得更高效时，我们就有能力自己创业。对雇主来说，我们也更有价值。雇主总是在寻找高效的人。

所有这些都源于培养高效的技能。

有效性的技能也将被用于激励积极革命。

慧俪轻体公司（Weight Watchers）的成功之处在于，它让用户可以站在别人面前为自己的减肥成果而自豪。与之相似的，高效带来的喜悦也可以成为对成就感的爱好。这包括与他人的合作，参与设计和规划一项任务，以及告诉别人所取得的成果时的成就感。所有这些都包含在高效俱乐部的概念中，这种俱乐部的建立是为了提供一种让高效和成就成为爱好的方式。我们将在附录中描述如何运作一个高效俱乐部。

》 教育

教育涉及阅读、写作、计算和许多知识。阅读、写作和计算是每个人在社会中生存和做出贡献所需要的基本技能。

然而，传统教育中缺少教授一项技能，就是思考。我指的不是辩论或分析意义上的思考，而是"有效性"意义上的思考。这是做成一件事情所需要的思维方式：目标、优先事项、备选方案、各方观点、创造力、决策、选择、计划和行动结果。

我们有读写和计算的能力，但我们还需要执行或做事的技能。许多年前我设计了 CoRT 思维训练课，目的是将思维方式作为一门学校课程进行有意而直接的教学。这些课程目前在世界各地广泛使用，有几个国家将其列为所有学校的必修课程。智慧是一种潜能，就像汽车的马力一样。为了充分利用这种潜能，司机需要提高驾驶技术。这就是思考的技巧。

教育必须包含有效性。

光有知识是不够的。不具备有效性的知识是非常危险的，它可能意味着有知识的人成为掌权者，却不知道如何才能让知识变得有效。

积极革命的新教育模式应该传授与有效性相关的思维技能、领导能力和与他人打交道的技巧。

第 7 章

自我提升

想象一下,我们发明了一种新的打招呼的方式,大家见面时都用这种新的问候语,而不是习惯说的"早上好"或"天气不错"或"您吃了吗"。

这句问候语是:"今天会更好。"

这句话背后的含义是这样的:无论你和谁在说话,他都比昨天更成长了一天,既然我们在生命中的每一天都应该有所进步,今天他当然比昨天更好。

当然,有些坏脾气的人会回答说"今天并没有更好",这可能是因为他今天胃痛而昨天没有,可能是因为他今天失业了,也可能是因为今天下雨了。但如果你自己变得更好了,那么这些都不重要。

自我提升是日复一日、缓慢前进的过程。就像无名指一样,自我提升虽不显眼,但时刻都需要存在。我们会把结婚戒指戴在无名指上,这通常意味着生活变得更好了。

我们可以通过以下 4 个方向实现自我提升（图 7-1）：

1. 增强积极的态度、习惯和技能，包括具有建设性、高效的技能和贡献的习惯。

2. 减少懒惰、自私、消沉、狭隘等不良习惯和态度。

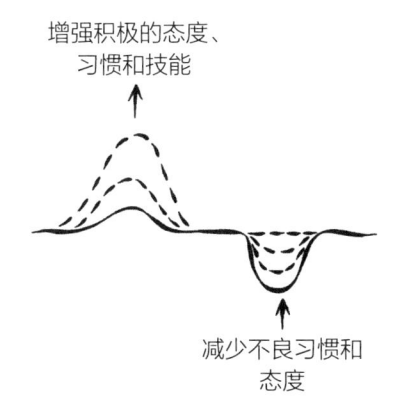

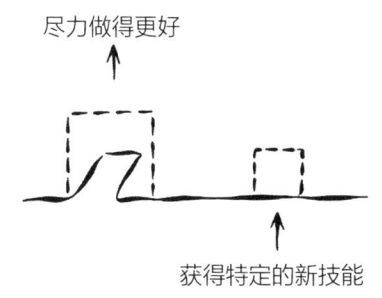

图 7-1　实现自我提升的方式

3. 无论你在做什么（工作、任务），都尽力做得更好一些。

4.获得特定的新技能。

在美国,大众在合理饮食、身体健康、吸烟危害及高血压危害等方面意识的增强,已经使得心脏病发病率下降。

我们不能只是希望明天会比今天好,我们应该在今天做一些事情,使我们明天醒来时比昨天好一点。

增强积极的态度、习惯和技能

自我提升的第一个方向是建立、发展和强化积极的态度和习惯。积极的态度就是积极革命的基础。

建设性的态度是把积极的态度付诸行动的一种方式,它也是消极和破坏性态度的反义词。

养成贡献的习惯。探索在自我、社会群体、国家三大领域做出贡献的方式并实施。

- 练习并享受有效性技能。
- 时刻牢记自我提升。
- 以尊重为待人的基本原则。
- 扩大兴趣面,敞开心扉接受新事物。

- 在沟通和讨论中尝试变得更有趣。
- 努力做到乐于助人、态度随和。
- 停下来评估你正在做的事情。表扬优点,指出缺点。

〉〉〉 减少不良习惯和态度

自我提升的第二个方向是减少某些负面因素的支配作用。负面因素不会立刻消失,甚至永远不会彻底消失,但一定程度的减少是完全可能的。

- 减少未经思考的直觉判断,降低情绪反应的剧烈程度。
- 宽以待人,少些批评。
- 降低否定性和破坏性。
- 避免武断,更多地倾听其他观点和备选方案。
- 避免轻易被激怒。
- 克服懒惰、马虎和不可靠。
- 减少做无意义的打发时间的事。
- 避免过于被动。
- 避免过于无助和绝望。

- 即使问题没有马上解决，也别轻易放弃。

每个人都可以把自己需要提升的领域添加到上述清单中。

如果我们增强了前面提到的积极因素，那么消极因素就会自动减少，更有助于自我提升。

尽力做得更好

痛苦、无聊和浪费时间都是对时间的消极利用——尽管有时痛苦也可以被用于积极的方面。

- 如果你正在做一份工作，你能做得更好吗？这项工作能否更高效地完成？
- 如果你在意这份工作，它会变得更有趣吗？
- 如果你必须下厨，是否有必要尝试一些新菜式？
- 如果你要沿着某条路走，在走的时候你能注意到新的东西吗？
- 如果你必须和一些人合作，你能更好地了解他们吗？

如果你喜欢上那些必须要做的事情，那么一天中你就会有更多的时间感到是在享受。

获得特定的新技能

为什么要满足于我们所拥有的技能？我一个朋友的妈妈正在学习演奏她从未弹过的贝多芬钢琴奏鸣曲。

学习任何东西，在刚开始都会有一个困难的阶段，它看起来实在是太难了。但过了这段时间，它就会变得更容易，更让你感到愉快了。

- 学习一门新语言。
- 学习建造、装饰或装管道。
- 学习跳舞。
- 学习绘画或演奏乐器。
- 学习一门新学科。
- 学习一项新运动或新游戏。
- 学习编写计算机代码。
- 学习当一名教师。
- 学习提供医疗服务。
- 开启一个新的工作或职业。
- 创业。

投入和冒险可以让你的思维保持年轻和精力充沛。难道有谁画了一条线，说："在你的人生中，过了这个阶段,你就不能做任何新的尝试了"了吗?

》 情绪

一些人认为,情绪是烦恼和痛苦的根源,所以我们应该压抑或摆脱情绪。

但其实,情绪是生活的调味剂。我们在食物中加入佐料,让它更有风味、更令人愉悦。同样地,我们也应该享受情绪,毕竟我们是人而非机器。

而如果成为情绪的奴隶,那么你就再不能享受它了。你不会只吃调味料而不吃饭菜,你也不会把酱料过度加热导致烫到嘴巴又影响消化。所以自我提升意味着学会控制情绪。

在遇到事情时,要尽量避免不经思考的直觉性反应,要先短暂停顿一下,然后再做出反应。

不是只能以一种方式看待事物。幽默的习惯可以让我们改变看待事物的方式,也许有些事情并不是我们所想的那样。

恐惧、缺乏安全感、贪婪、好斗、渴望即时回报、受制于群体压力是人的本性。自我提升不会改变人的本性，但我们可以通过了解野马的天性逐渐学会控制它们，从而成功驾驭野马。

人们抑郁时会感到消极。他们觉得这种抑郁的状态才是生存的真实状态，把幸福的时光视为虚假和做作，这是一种很常见的感觉。然而，这是一种错误的感觉，我们需要把它扭转过来。

抑郁就像感冒。抑郁时体验到的感觉是不真实的，抑郁本身就是病态的。积极和快乐才是更自然的状态。所以我们要积极等待抑郁过去（并帮助它尽快过去），而不是在绝望中坐着。

当你决定要节食却发现自己吃了一顿大餐时，你很可能会在绝望中放弃节食的打算。当你决定开始自我提升但没能坚持下去时，你很可能会感到绝望而放弃自我提升。然而，没有人每时每刻都如同圣人一般。如果你原本每天只做一分钟的圣人，现在每天做两分钟的圣人，那就是进步。

自我提升是一个循序渐进的过程，在这个过程中，要接受各种各样的起起伏伏。但你应该从今天就开始，不要等到明天，因为明日复明日，永远还有下一个明天。

第 8 章

尊重

我们用中指代表尊重。当你把手指并拢在一起时，很明显中指比其他手指都要长，这是在提醒你，尊重他人很重要。

尊重和人类的价值观是相辅相成的。我们尊重每个人的天性和价值观，我们尊重他人的个性，这两者都非常重要。只抽象地尊重人的价值，却不尊重作为个体的人，是没有什么意义的。尊重他人是对文明最好的定义。任何坚持自我表达、坚持自由高于为他人着想的主张，在文明上都是有所欠缺的。

忘记了人民的革命不是进步，而是倒退。如果一场革命以人民的利益为最终目的，但在革命的过程中却不能善待人民，这本身就自相矛盾。任何革命的目的都是让人民受益，不仅仅是在革命完成之后，在革命的过程中亦然。

这就是为什么尊重对于积极革命至关重要。

当你能掌控爱情的时候，无疑它是美妙的。但爱情中也有怀疑、不安、争吵、误解甚至仇恨。正因为过于美好，所以爱情不能每天当饭吃，就好像香槟非常诱人，但也不能喝个不停。

去爱你的敌人是非常困难的，尽管如此，我们也应该努力尝试。而尊重他们则比爱他们要可行得多。

尊重是把每个人作为有尊严的人来对待。

尊重是"己所不欲，勿施于人"。你希望别人如何对待你，你就如何对待别人。

你可以对别人说："我不喜欢你，但我尊重你这个人。"

几千年前，中国的孔子提出了儒家的待人之道。与西方宗教不同，孔子对人的精神世界不感兴趣，他更关注人在社会中的行为互动。他认为，如果每个人都能以礼待人，文明就会发挥作用。

在"尊重"这个词中，我们试图涵盖正确对待他人的所有方面。

尊重有不同的程度（图8-1）。你可以对某个人高度尊重（例如一个贡献很大的人）。对另一个人，你的尊重程度就比较低。而最低的程度就是作为人应该得到的最起码的尊重，即基本人权。

图 8-1　不同程度的尊重

由于尊重具有这种灵活性,我们就能通过更切实可行的方式加以利用。即使对某个人并无好感,我们仍然可以在相处时尊重他。

我们对他人的尊重程度和表达方式并无特殊限制,任何程度都是合理的。

表达尊重的程度也是影响他人行为的一种有力武器。一个自私的人也许只能得到周围人很少的尊重,另一个做出过巨大贡献的人则可能会得到人们很高的尊重。

所以尊重在三个层面发挥作用。

1. 尊重是对每一个人基本人权的保护。

2. 尊重他人是积极革命的基本原则之一，它提醒我们，人才是最重要的。

3. 尊重是向人们表明其社会价值的方式，尊重是对其贡献的一种回报和认可。

>>> 人的尊严与人权

对人缺乏尊重是最基本的罪恶，因为它包含了大多数其他罪行。谋杀和酷刑是对他人生命缺乏尊重的最极端案例。

必须指出，在动物王国里经常会出现毫无尊重的情况。一种动物杀死另一种动物，这是美洲虎或鹰的天性。在这个过程中，动物们丝毫没有考虑所谓的权利。人类文明之所以为文明，正是因为人类有尊重基本人权这一理念。

人权是否意味着社会有义务为你提供你所需要的一切？并非如此。人们有绝对的权利免受谋杀和酷刑。社会只需在可行范围内为人们提供医疗、教育、住房和食物。

你可能有一个容量为五升的桶，但能往桶里装多少水取决于你有多少水。有些资源是有限的。为了最大限度地利用有限的资源，我们非常需要新的想法、创意和设计思维。有些权利不容置疑（例如免受暴政、酷刑、压迫和攻击），并且只要暴行者不再施暴，这些权利就能得到保障；其他权利则受到资源的限制（例如健康、食物、教育等）。

在贫穷的情况下，人们仍然可以保持尊严和人权。世界上有大量人口都生活在贫困线以下。摆脱贫困的途径包括财富创造与分配、自立自助，以及具备积极革命倡导的积极和建设性的态度。历史证明，行使权利本身并不能创造资源。

方法

我们已经讨论了积极革命的五项基本原则，现在我们要开始讨论实施方法了。如何将这些原则付诸实践？这些原则将通过何种方式带来改变？

1. 感知：比起逻辑和意识形态的教条主义，人的感知才真正具有创造和改变价值观的巨大力量。

在后续章节中，我们将探讨积极革命的力量，这种力量源于原则和方法。

2. 命名：通过发明新的词汇，我们可以赋予社会新的价值观，从而鼓励积极革命的建设性思维和贡献行为。

3. 标志：用看得见的标志和信号来传播积极革命的信息，这会给人一种归属感并强化积极革命的态度。

4. 组织：积极革命不是自上而下的中央集权，而是建立在个人和群体工作的基础上。

5. 教育：需要一种简单新颖的教育模式，既能满足人们的基本需求，又能在思维和有效性方面有所引导。

6. 思考：运用创造力和实践思维，而不是通过争论或批评，设计具有建设性、可以让社会变得更美好的行动步骤。

显然，积极革命的方法与传统革命的方法有很大的不同。举例而言：

- 没有敌人。
- 每个人都可以参与其中。
- 好处立竿见影，不需要等到革命成功之后。
- 没有领袖。

第三部分

方法

思考的革命

EDWARD
DE
BONO

第 9 章
感知

- 小心那些发表激情演说的人。
- 小心那些大喊大叫的人。
- 小心那些大量使用情绪化形容词的人。
- 小心那些希望你树敌的人。

上述这些人想要像厨师炸薯条一样控制你的感知,薯条尽在厨师的掌握之中。

- 感知比逻辑更有力。
- 感知比情绪更有力。
- 感知比信仰更有力。

感知并不存在于你的眼睛或耳朵中,而是大脑对来自眼睛、耳朵及其他感官系统的信息处理的结果。感知是大脑基于这些输入信息产生的感觉,正是这种感觉决定了我们如何看待这个世界。

▶▶▶ 粗暴的感知

天黑了，你看到一个人的身影出现在家中，但看不清他的脸。你也许会感到害怕，因为这可能是个不速之客。当你看清之后就认出来了，这个人可能是你的家人、朋友、一个你认识但不喜欢的人，或是陌生人。你的情绪会随着判断或感知而变化。

在这个例子中，我们通过外貌来识别这个人。有时候，我们通过标签来识别事物，例如超市里的包装食品。

在我们的语言和思维中，我们建立了非常简单粗暴的标签：

- 我们 / 他们
- 朋友 / 敌人
- 英雄 / 反派

这些标签让我们以粗暴的方式感知事物，情绪也随之而来。如果某个人被划定为敌人，我们就会讨厌他。这就是为什么传统革命必须给敌人贴上标签，以及为什么需要改变人们的感知。

我们被困在由文化和语言形成的传统观念中，积极革命就是要让我们找到走出这个陷阱的方法。

我们或许会把目光投向资本家，说有些资本家非常贪婪，剥削人民。这在过去或许千真万确，即使到今天，在某些情况下这种情况也是真实存在的。既然如此，资本家就是"敌人"，因此我们必须仇恨所有的资本家，并设法消灭资本主义。尽管目前资本主义制度能创造出大量的财富，但这并不重要，因为敌人必须被消灭。

很明显，简单、僵化的概念不允许我们具有建设性。这种概念对于传统的破坏性革命而言也许是必要的，但对于积极的建设性革命则并非如此（图9-1）。

我们需要的不是僵化的感知，而是改变感知的方式。我们需要能使我们以不同方式看待事物的工具。

积极革命恰恰可以提供这样的工具。

这些工具包括以下几类：

1. 幽默：这是对抗教条、傲慢以及绝望的最好方式。幽默感总是让人想起还可以从其他角度看待事物。

2. 命名：与其被迫使用文化和传统提供的粗暴的标签，我们可以发明一些新的、更好的标签，以更积极的方式引导感知，让我们逃离刻板标签的控制。

3. 备选方案：在任何场合或讨论中对自己说："至少还有一种别的方式来看待这件事。"也许你永远找不到另

简单僵化的概念

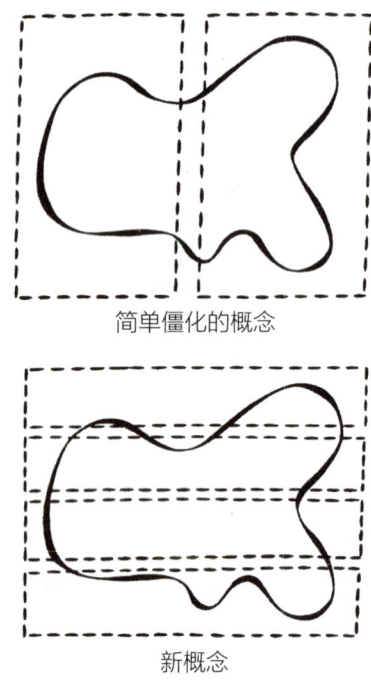

新概念

图 9-1　概念

一种方式,但要确信有这种可能性。

4.思考:我们在学校里教授的思维课程,是以训练人们拓宽和改变感知为目的而设计的。后文将详细讨论这一点。

5.信息:信息本身不会改变感知或创造新的感知,但是信息可以加强或削弱感知。因此当我们准备建立新的感知时，信息可以为其提供实质内容，也可以用于传播新感知。

传统革命涉及教条和组织，积极革命则是关于人和感知的。

- 人必须能够改变感知。
- 人必须有更多的感知可供选择。
- 人不应该被锁定在一套僵化的感知中。

幽默

从来没有一场严肃的革命把幽默作为其关键手段。

这是因为传统革命的基础是意识形态、教条、确定性、正义性和严肃性。

这是因为传统革命是建立在"朋友"和"敌人"的粗暴分类以及不可或缺的仇恨之上，而幽默可能会威胁到这种二分逻辑。

幽默是改变我们感知的为数不多的方式之一。幽默能使我们看待事物的方式突然发生转变。一个人可能通过讲笑话让我们发现了一条新的路，然后忽然，我们就意识到了这个笑话中疯狂的逻辑（图9-2）。

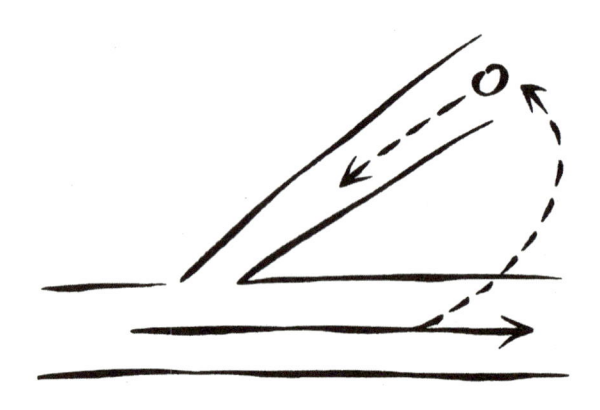

图 9-2 幽默转向

幽默让我们知道，人的思维是有规律的，而我们可以改变这种规律。

艺术、文化和传统总是给我们现成的结论，如"这是你看待事物的方式""这是你必须拥有的感知""这是有价值的，但也可能很危险"。

>>> 信息

信息不会形成感知，因为信息是基于已有的感知组织起来的。信息会反哺感知，信息帮助我们决定选择哪一种感知。

积极革命中并没有中央组织，因此信息极其重要，它让所有参与革命的人都可以知道发生了什么。

技术为我们提供了正式的媒体网络，比如互联网、广播和电视；它还使我们能更便捷地获取大量信息。

这种信息技术让我们建立起了积极革命的概念。马克思主义产生于工业革命，积极革命产生于信息革命。

无论是传统媒体还是新媒体，都可以被动或主动地传播积极革命的概念。

媒体对社会上正在发生的事情进行评论。记者、博主和其他网络评论员都可以学习和使用一些新概念和新名词，这些都是积极革命的一部分。

从更积极的意义上说，媒体可以成为传播积极革命的核心因素。"贡献""建设性"和"有效性"的原则可以被人们直接放大成为他们日常工作的一部分，也可以作为特殊项目的基础（例如，对建设性努力和贡献进行点评）。

并不是所有的人都会偏好积极革命，有些人更喜欢消极革命。有些人只能在批判和破坏中发挥才能，他们仍然遵循传统的信念，相信批判和破坏是让社会变得更美好的方式。

我们可以通过正式的传统媒体（如电视、广播、印刷品）进行宣传，同时通过非正式媒体进行传播，包括社交媒体、社区的口碑传播、工作场所的讨论和日常对话。

这种非正式的传播是极其重要的。在社会群体中，那些被认为是"沟通者"的人扮演着重要的角色。

通过为交流提供实质性内容，积极革命的符号和新名词将促进这种非正式的传播。举例而言，展示某个人做出的具体贡献要比单纯说他是一个好人更容易传播，也更容易让人信服。

第 10 章
命名

世界上有成千上万种植物,每一种都有不同的名字。

医生能识别几十种不同的疾病,并给每种疾病起一个特殊的名字。

在一个行为发生之后,语言通常都能很好地描述它,因此我们没有形成给各类行为命名的习惯。正因为没有这些名称,所以我们的感知非常有限。

例如我们可能会说"喜欢某人""爱某人""不喜欢某人""讨厌某人"。这些都是非常简单粗暴的描述。

生活在寒冷北方的因纽特人在冰屋中彼此相依,度过黑暗的冬季。正是因为彼此太亲密了,所以他们发展出了 20 种表达"我喜欢你"的方式。他们甚至有一个词表达"我非常喜欢你,但我不想和你一起去捕猎海豹"。

为了运作和传播积极革命的价值观,我们需要创造新的名称,这样才能以不同方式看待事物。如果没有这些名称，我们也许可以描述某些事物，却无法以相应的方式看待它们。

九类人

为了使积极革命的价值更加具象化，我们需要对行为的类别进行命名。一旦这些类别有了对应的名称，我们就可以对其进行谈论和思考。

我们可以将人们的行为分成九大类，包括四种积极的、四种消极的和一种中性的行为。相应的，可以将人分为九类。

第一类人：这类人具有建设性和有效性。其中有效性非常重要，他可能是领导者和组织者。总之这是一个能以积极和建设性方式做事的人。由于具有这些品质，他是一个可以做出贡献的人。如果一个人具备所有这些品质，但现在还没能做出贡献，我们可以说他是"潜在的第一类人"。

第二类人：这类人已经做出了巨大的贡献。他可能没有第一类人的任何特质，但仍在做出贡献。例如，一个继承了遗产的富人可能会捐出很多钱来帮助穷人，一个有才华的艺术家可能会通过他的才华为社会做贡献，一个著名的体育明星可能会通过他的天赋来做贡献。

第三类人：他们工作努力、善于合作、乐于助人，并且高效。他们与第一类人的区别在于，第一类人具有领导能力、组织能力和建设性的主动性，而第三类人则可能在一个项目团队中或在执行分配好的任务时表现得非常出色。

第四类人：这类人积极、随和、友善、开朗。他们做着刚好适合自己的工作。有这样的人在身边，你会感到很舒适，但他们并不非常高效（图10-1）。

第五类人：他们的行为比较中立和被动。你对这些人说不出什么表扬的话，但同样也没什么可以批评他们的。这类人通常比较冷漠，总是游离在外，没有参与感，也没有对人生的控制欲。这是中立的一类人。

第六类人：这类人的行为具有批判性、消极性和破坏性。这类人可能非常聪明，但他们将智慧用于破坏而非建设。在团体中，这类人不提出建议，而是反驳其他人的建议。在态度上，他们可能是悲观或沮丧的，也可能不是。有些消极的人如此享受消极，以至于他们并不悲观。第六类人认为消极是实现进步的最好方式。

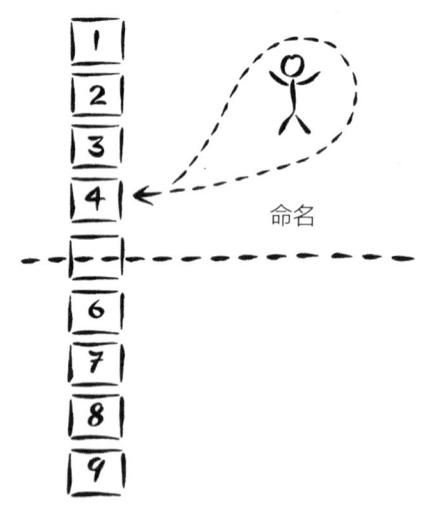

图 10-1 第四类人

第七类人：极度自私的人。他们可能剥削或贪财。有些人只是自私，也有人极端堕落。这类人并不想伤害他人，他们的行为通常都在法律许可范围之内。他们的行为特点是极度自私，恰好是贡献的对立面。

第八类人：霸凌者。这类人通过向他人索取来达到自己的目的。他们使用武力得到自己想要的。他们和第七类人都可能是剥削者，但他们是故意剥削他人的，并通过暴力来实现这一点。

第九类人：不法之徒。这类人完全不尊重他人或他人的权利。他们是没有良知、没有道德的罪犯，甚至会为了小利就杀人。请注意，第八类人虽可能侵犯他人权利，但或许会承认他人的权利，而第九类人除自己的意愿外不承认任何权利。

随着时间的推移，人们可能会给每个类别一个特定名称。例如，第七类人依靠他人为生，我们可以称他们为"蟑螂"；第六类人从别人身上获取能力，我们可能会称他们为"虱子"或"水蛭"——都是靠吸血为生的动物。

大家可能会因为哪个名字更适合而产生分歧。我们也可以不依赖特殊的名称，直接用类别指代。

"他是第四类人。人很好，但什么事都干不成。"

"他不是真正的第一类人。他确实做出了贡献，但那是由于他所处的位置，而不是基于他的建设性力量。他更像是第二类人，当然还是难能可贵的。"

"听说他是典型的第七类人，我们要密切关注他的举动。"

"你看到她的样子可能不会相信，她看起来纤瘦脆弱，但确实是第一类人。"

"为了推动这个项目，我们需要找到更多的第三类人。我们不缺想法,但我们需要行动。"

"不要邀请她,她是纯粹的第六类人。"

一旦有了分类,我们就可以用它们对行为进行表扬和奖励。可以通过这种分类鼓励特定的行为。如果一个人知道自己被归入某个类别,他就会努力让自己符合相应的形象。

我们也可以用这些分类来批评别人并指出他们的失败和不足,也可以用分类让人们知道其他人对他们的感觉,还可以利用分类方式鼓励人们尝试走出他们所处的类别。在向上移动的过程中,不一定要逐级往上,比如属于第六类的人可以直接跳到第三类。

这些分类提供了一种术语,积极革命的成员可以用它来评价其他人的行为。

重要的是要明确一个人不会永远被固定在某个类别中。这些是基于行为的分类,而不是对性格的分类。

所以其实我们应该说:"你的行为举止像第六类人。"

任何时候你都可以选择做出改变。

如果一个人没有表现出改变的倾向,我们就认为这个人属于他所处的类别,并以相应的方式对待他。

教师、医生和记者,因为职业的关系可以被归为第一类人或第二类人,因为他们处于做出重大贡献的位置。但教师也可能属于第四类人,甚至是第五类人;很多记者属于第六类人。

积极革命中的英雄和反派是根据各个类别的价值来界定的。因此,自私的人都是反派,有建设性和高效的人则是英雄。

积极革命中的恶习与优点也是由分类和积极革命的基本原则共同界定的。消极是一种恶习,被动和冷漠也是恶习(尽管它们在九大分类里是中立的);高效是一种优点,积极也是一种优点,而最好的当然是积极且高效。

一个人不需要彻底属于一个类别。例如,你可以说:"有时他表现出第八类人的特征。"这种情况下,分类也可以是一种形容。

还会有更多的类别吗?答案是肯定的,假以时日也许会有其他类别,但目前熟悉这九大分类就足够了。

>>> 情境

我们需要新的名词来描述特定的情境,这样我们就能更容易地感知这些情境，也能更方便地提及它们。这里所举的例子只是简单说明你需要做些什么。

"我不喜欢你，你也不喜欢我，我们在大多数事情上意见不一致，但在这个问题上，进行高效的合作符合我们双方的利益。"

我们需要用一个词来描述这种实用主义情景。在常规的感知和语言中，朋友和敌人是对立的，而我们需要一个词在两者之间架起桥梁。也许我们可以把"朋友"和"敌人"这两个词组合起来，形成一个新名词"友敌"。

"在这种情况下，任何理智的政客都必须在公众面前发出这些必要的公众噪声。它们本身并无意义，但全都是正确的言论。"

我们需要一个词来描述某些政治言论的必要性。这种名词将使我们更容易区分严肃的政治声明和乏味的垃圾信息。我们可以用"必要公噪"来表示必要而无意义的公共噪声言论。

"光知道该怎么做是不够的，计划和执行都需要技巧，让某事发生也需要技巧。"我发明了"运作力"（operacy）这个词来描述做事的特定技能。

第 11 章
标志

革命为什么需要标志？

● 为了传播革命。标志对还没有加入革命的人是一种信号。你看到一个信号，对它的含义感到好奇，于是咨询并了解了积极革命。

● 为了给那些已经参与积极革命的人一种归属感和认同感。你可以通过标志辨认出其他成员并互相问候，你会看到在革命中你不是一个人。

● 提醒那些参与积极革命的人，强化积极革命的目标和意图。

● 为革命中的每个成员提供一种做出贡献的方式。即使不做任何其他事，展示或佩戴一个标志也是一份小小的贡献。

● 提供权力的基础。如果你看到周围到处都是革命的标志，你就会知道这场革命得到了很多支持。这在民主国家非常重要，因为支持意味着投票。

》》黄色

黄色是积极革命的代表色。黄色代表阳光、活力、希望和积极。太阳每天升起,开启新的一天,太阳为世界提供了最根本的能量。黄色令人愉快,黄色强调革命积极的本质。

黄皮书

这本书就是所谓的"黄皮书",你可以这样称呼它。
"你读过那本黄皮书吗?"
"你同意黄皮书里的观点吗?"
"再读一遍黄皮书。"
因为积极革命没有中央组织,黄皮书就是行动指南,用来协调积极革命成员的态度和思想。黄皮书既是行动指南,也是参考手册。每台机器都有使用说明书,黄皮书是积极革命的说明书,因此这本书短小精悍。

黄色手掌

五指张开的手掌是积极革命的标志。
手代表了积极革命的五大基本原则:

1. 大拇指，代表有效性。
2. 食指，指向建设性。
3. 中指，代表尊重，包括人的价值。
4. 无名指，自我提升，每天都变得更好。
5. 小指，贡献，无论大小都很重要。

张开的手掌的标志不一定是黄色的，但如果要定义一个颜色，那么这只手应该是黄色的。

手也代表"去做"，包括思考和行动。

这只手提醒我们，积极革命不仅仅是一场哲学的革命，更是一场建设性的革命，一场有效性的革命，一场贡献的革命。英雄是那些做成事情的人。人类借助手的力量才能真正"做到"。

黄色袖章

这是积极革命的一个非常重要的标志，因为它非常显眼，会让每个人都注意到积极革命。

黄色袖章的材质可能是布料，也可能是塑料。它宽1英寸（1英寸=2.5厘米），可以戴在手腕上或手肘上方的手臂上。在不太方便的场合，也可以将袖章作为手环佩戴，或者是放在其他地方，比如从口袋里露出来。

积极革命的成员没有义务佩戴黄色袖章，但这是一个他们向自己和他人表达他们对积极革命原则的认同的机会。

三个圆圈

作为一种平面图案，三个关注圈也是积极革命的标志。这种类型的标志更多地用于提醒那些已经参与革命的人，他们应该寻求在这三个领域做出贡献。因此这可以是积极革命内部会议上的标志，而非出现在公共场合。

1. 第一个圈：自我与自我提升。
2. 第二个圈：家人、朋友、居住和工作所属的社会团体。
3. 第三个圈：国家与世界。

问候

我们推荐的问候语是：

"今天会更好。"

人们在街上打招呼或擦肩而过时都可以说这句话。

它强调一种积极的态度，努力把事情做得更好的意愿，以及自我提升的稳步前进。

有很多原因可能导致今天并没有变得更好（例如，经济情况不好、下雨、与人争吵、身体不适），但这种问候提醒大家，每天在内心深处都可以认为今天会变得更好。

打招呼

这很简单，抬起手，张开手指，就好像在向某人表示数字5。通常手举起的高度不要超过脸。

这种打招呼是非正式的问候，绝对不是好战的那种敬礼。

口号

积极革命并没有教条或意识形态，因此口号没有什么特殊的魔力。

所以口号只是重申了积极革命的三大关键态度"积极，建设性，你的贡献"。

▶▶ 名称

这场革命的名称非常简单："积极革命"。

随着时间的推移，这场革命可能会被称为"黄色革命"，但在开始的时候，这个名称不像"积极革命"那么好理解。

对积极革命参与者的称呼将随着时间的推移而自行发展。从我的角度来说，"建设者"和"静心者"这两个名字似乎比较合适。

"建设者"这个名字非常清楚地表明了积极革命的建设性本质，革命将通过建设而非破坏来实现。

"静心者"这个名字则表明改变将通过稳定和有效的贡献来实现，而不是通过大喊大叫和示威游行。

▶▶ 旗帜

积极革命不需要旗帜，因为这是一场安静的革命。但为了避免出现误导众人的旗帜，我们还是进行了旗帜设计。

这是一面简单的黄色旗帜，靠近旗杆的左上角有一颗粉红色的心（图11-1）。

黄色是积极革命的标志色。

粉红色的心象征着人性和人类的价值。

图 11-1　旗帜

第 12 章
组织

积极革命是人和感知的革命,而不是中央组织和教条的革命。

铺满大地的草,形成森林的树,都不是由某个中央组织控制的。它们能够蔓延开来,是因为每一片草叶、每一棵树都是具有繁殖能力的生物。植物产生种子并使其传播,种子又长成植物。

同样地,积极革命是一个自组织系统,它由参与者组成。

积极革命的每一个成员首先是作为个体而存在的,是在内心和思想上赞同积极革命原则的个体。

>>> 积极革命成员

每个人都可以成为积极革命的一分子。

不收会员费,不用考试,无须认证。

只要你想就可以加入。

但积极革命是行动的革命，参与积极革命不仅仅是同意或相信这些原则，这只是第一步。

实际上，只有当你贡献出有效和有建设性的行动时，你才真正属于这场革命。

成为积极革命的一员首先是与自己签订一份契约。你如何向自己证明，你正以一种积极的方式参与积极革命？可以是自我提升，也可以是做出建设性的贡献。如果你什么都不"去做"，那么你并不真正属于积极革命。

加入团体不是必需的，但如果你加入了一个团体，那么团体中的成员就会告诉你，你是否属于积极革命。

在某些组织中，你只要付费就成了其中一分子；在某些组织中，你只要有跟他们相同的信仰就成了其中的一分子；而在积极革命中，只要你"去做"，就成了积极革命中的一分子。

你可以把成员身份默默放在心里。也许你不想让别人知道，也许你处于一个必须保持中立的职位（比如法官）。你可以默默地投身积极革命。

你也可能想要向周围的人展示你的成员身份。那么你可以戴上黄色的袖章，用问候或打招呼的方式进行展示。你也可以通过谈论积极革命或这本黄皮书来表明你的成员身份。

你应该为参与积极革命而感到自豪,这就是为什么你想要向别人展示你的身份。如果你向其他人展示,那么其他人就会看到你对积极革命感兴趣,就会邀请你加入一个团体。

通过显眼的方式表明你是积极革命的一分子,也有助于积极革命的传播。在这种情况下,环顾四周,你会发现自己属于一个更大的群体,其成员都是积极革命的参与者。

你可以每时每刻都作为积极革命的一部分(这样是最好的),或者也可以只在特定的时间段切换到你的革命者角色。

》》 团体

积极革命的单个成员很快就会组成团体。在当地社区、工作中、朋友之间都可能会形成团体。可能会出现以下几种类型的团体。

社区圈:以建设性方式解决社区问题的团体。在任何社区都可能有几个这样的圈子。

工作圈：工作中为了探索如何改进工作进程而形成的团体。这类团体希望对工作中发生的事情做出建设性的贡献。

项目圈：以实施特定项目（造房子、搭建灌溉系统等）为目的聚集在一起的团体。这个团体的所有力量都被建设性地导向这个目的。

关注圈：围绕一个特定的关注点形成的团体。这个关注点可能是当地的污染或高犯罪率问题。

黄色圈：由致力于积极革命的人们组成的团体，他们聚集在一起，探索如何将积极革命付诸行动。他们的"项目"和"关注"就是积极革命本身。

高效俱乐部：严格来说，这种俱乐部并不是积极革命的一部分，而是旨在培养人们的有效和成就的习惯。高效俱乐部的成员可以同时属于其他任何一个团体。

所有这些团体，对其成员来说就像"新家庭"一样。这些团体是三个关注圈中第二个圈（家人、朋友、居住和工作所属的社会团体）的一部分（图 12-1）。

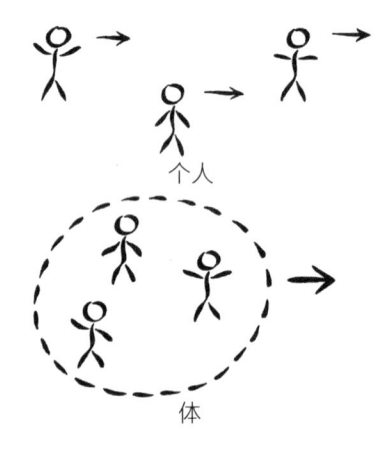

图 12-1　团体的形成

团体的运行规则非常简单，包含以下四点：

1. 这些团体体现了积极革命的五项基本原则。因此它们必须是积极的、有建设性的，必须牢记"尊重"的原则和人的价值。最重要的是，这些团体中的成员们要做出贡献。

2. 这本黄皮书是这些团体行为的参考书。不能以积极革命的名义去做任何这本书中不提倡的事情，例如破坏性行为、暴力行为、违法犯罪活动。要提防那些为了遵循积极革命原则而建立起来，然后又偏离其基本原则去追求自身目的的团体。

3. 这些团体是行动团体而非争辩或哲学团体。重点是设计有建设性的行动，并通过团体成员的贡献有效地执行这一行动。

4. 将成员驱逐出团体的唯一理由是该成员做出了对该团体直接的破坏性行为。如果大多数人认为确有此事，那么该成员必须离开。然而，在任何时候，一个团体都可能解散或重组，而新团体将排除掉一些成员。旧团体的身份到此结束，它的剩余资产必须被共享和建设性使用。

这些团体中可能会发生什么？

会有讨论。讨论必须始终是积极的和建设性的。在这里，不应该有典型的否定性辩论或是争论谁对谁错。

应该对正在讨论的问题以及将要采取的建设性方向有非常明确的关注。

团体的核心目的是贡献。

- 在哪里可以做出贡献？
- 如何有效地做出贡献？

团体可能会通过几次会议，简单地列出可能做出贡献的领域。

团体中强调"行动计划"，从而以最有效的方式利用成员的能力。这样的计划可能需要创造力和新想法。

团体的行动必须具有建设性。

>>> 教育团体

教育是积极革命成员可能做出贡献的关键领域之一。我们将单独讨论这一领域。

有些团体的设立是专门为了协调和开展教育工作的。这可能是某些特定团体的唯一功能。

教育是一种理想的贡献形式。每个人都有可以传授的内容或有助于学习的方法。教育只需要时间和努力，教育能产生长期而深远的贡献。

除了可能设立的特定教育团体，教育功能可能是任何团体的一个重要特征。

我们还可以提出"信息"的功能，因为信息也是一种教育。

每个团体都可以通过收集信息、整理信息、设法让他人获得信息来做出贡献。

对于具体问题的建议也是一种教育，是一种有价值的贡献。

第 13 章
传播

参与积极革命的人越多,它就越有效,所以传播是很重要的。

积极革命可以在阅读这本黄皮书的人之间传播。他们可能买了这本书,也可能是借的;可能是在网上看到的,也可能是朋友赠送的。所以把书送给可能对它感兴趣的人也是一种基本的传播形式。

朋友和熟人可以通过谈论积极革命和黄皮书来口口相传。

媒体可以通过讨论积极革命的本质和原则参与进来。一些媒体可能会采取挑剔、消极态度,但也会有一些媒体承认积极态度在革命中的价值。

诸如袖章、问候和打招呼等显眼的标志会让人们感到好奇,想知道发生了什么。

感兴趣的人可能会被邀请加入团体。

与积极革命有关的新名词将逐渐传播开来,人们想知道它们从何而来，例如"第三类人"这个名词就会引发好奇。

最重要的是，积极革命成员的一些行动事例会鼓励其他人加入进来（图13-1）。

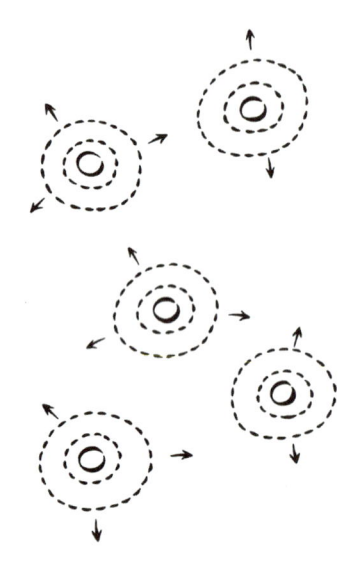

图13-1 积极革命理念的传播

敌人

积极革命没有敌对阶级。

与传统革命不同，在积极革命中，并没有一群人或某些阶层被定义为敌人并成为憎恨的对象。

积极革命是通过积极的、建设性的态度和有效的贡献，努力建设一个更美好的社会。社会将因成员的贡献而充满活力。

如果某些团体选择将自己视为积极革命的敌人，那么这只是他们的选择。积极革命不会做出回应并将他们归为敌人，而是将他们视为暂时性感知错误的受害者。

虽然没有"敌人"这样的分类，但积极革命给予个人的重视和尊重程度，将取决于他们的建设性行为和贡献。

特定个体的行为可能会使其被归入次一等的类别（例如第七或第八类）。这是一种基于个人行为的判断。

>>> 一致性

因为积极革命没有中央组织或规定，而且个人可以随心所欲地加入革命，也可以走到一起形成团体，所以积极革命存在缺乏一致性的风险。

虽然每个人或许一开始都有正确的感知，但随着时间的推移，观念可能发生改变，最终个人或团体可能会利用积极革命的外衣来追求他们旧有的破坏性习惯。这可能是刻意的,也可能是无意的。对于任何一个革命成员来说,对此保持警惕是非常重要的。

那些不按照革命的积极原则行事的人不是革命的一分子,无论他们自己怎么认为。

这本黄皮书是一致性的来源。积极革命的成员需要不时地提醒自己及所在的团体本书内容,这是非常重要的。

第 14 章
教育

自我提升是积极革命的五大基本原则之一（无名指）。

你可以通过自己的努力或借助他人的帮助来提高自己。

教育是积极革命各个方法中的关键部分。

教育也是一个重要的贡献机会领域。那些说自己不知道该如何做出贡献的人，应该把目光投向教育领域。

每个人都可以传授一些东西。即使你真没有什么可教的，至少也可以帮助别人学习。教育不需要体力、非凡的才能、金钱或政治权力。教育需要的是时间、努力和毅力。这就是为什么它是一种理想的贡献形式。

举例而言，积极革命黄色圈的人可以开始指导大家如何为他人提供教育。这一举动将产生巨大的裂变效应。假设每个人可以教 20 人，只要有 20 人传播这种教育思维，那么就会有 400 个教师，进而发展出 8000 个学生。

但是应该教什么呢？

新型教育

传统教育需要多年的时间来完成其使命。即使很好地实现了最初的目标,也需要很长的时间。也许我们可以在更短的时间内完成最重要的部分,使教育变得更加切实可行。

传统教育并不是万能的。举例而言,传统教育主要关注信息的分析和辩论。事实上除了批判,我们还需要关注思维技巧、做事方法和建构能力。

因此,新型教育将追求简化课程,使其更加实用,以便扩大适用范围。

新型教育是一种基础教育,它由以下要素构成:

阅读和写作:这是学习和交流的关键工具。必须选择最好的教学和写作方法,或者是发展出新的方法。

数学:这里说的数学只包括日常生活中需要的基本计算。老师可以通过非常高效的方式教授这部分内容。传统教育中数学内容太广太深,结果反而令人感到困惑。

基本思维技能:这些思维技能主要与感知(拓展和改变)、实际行动(去做)和与他人打交道有关。这部分将以 CoRT 思维训练法为基础,该方法已经有多年的成功经验，在全球范围内有数百万名学习者。

周围的世界：对周围的环境和世界有基本的了解。这包括制度、机制和把事情做成的基本方法。

领导力和有效性：如果一个人希望自己具有建设性并做出贡献，那么培养特定的品质、性格和行为习惯非常重要。

特殊技能：除了已经列出的五个核心项目，还要加上与特定领域相关的特殊技能。例如在农村可能需要农业基础技能，在城市可能需要商业技能。

学习能力：主要指那些有抱负、有才华并想继续深造的学生进一步学习所需的技能。

≫ 领导力和有效性

传统教育侧重于学术科目，因为教育的最初目的是培养一些专业人士（如教士、律师、医生等），这些职业需要大量的基础知识。

但社会也需要领导者和有建设性的人。

每个人都需要学习如何养成高效的习惯，以充分利用自己的才能，做出贡献（图14-1）。

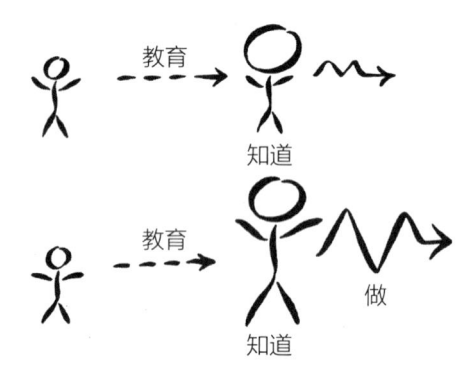

图 14-1 教育的功能

因此，教育必须注重训练和发展这些能力。这就需要可以被积极革命黄色圈开发和利用的新方法和新能力。

- 团队合作能力。
- 建设性工作的能力。
- 设计和计划的能力。
- 积极主动的能力。
- 针对毅力和专注、高效的训练。

这些都是非常重要的。

这些只从书本上是学不到的，需要在参与项目并对项目负责的过程中学习。

通过这种方式，学习的过程本身也能对社会产生直接的贡献，因为项目本身就具有价值。

我们需要通过训练，让人们重视这种在项目中进行的学习训练。

▶▶▶ 自立自助

自立自助是态度、期望、技能、组织和知识的结合。

这种态度是被动接受的反义词，也是希望有人为你做好一切的反面。这种态度是着手为你自己和你的社区做一些事情，即使刚开始只是很小的一步。

人往往会被自己的预设所限制。如果根本没有目的地，你怎么可能抵达终点？我们总是觉得做事要有一些边界和限制，觉得有些事情是自己不可能做到的。这样的限制都是自己强加给自己的。改变的首要力量源泉就是消除界限，展露信心。

再来说说思考和行动的技巧。"运作力"也是有技巧的。有一种建立在实用性和设计创造力基础上的基本的建设性态度——"如何能把事情做成？"高效的原则可以确保事情被充分、彻底地完成。

我们需要安排好时间、人员、资源和他人的帮助，需要组织、协调才能形成合作。

知道从哪里获取知识，以及如何最大限度地利用知识是自助技能的一部分。认识到需要学习新知识也是至关重要的。

"自助"课程可以作为新型教育的一部分来教授，也可以作为单独的课程来教授（图 14-2）。

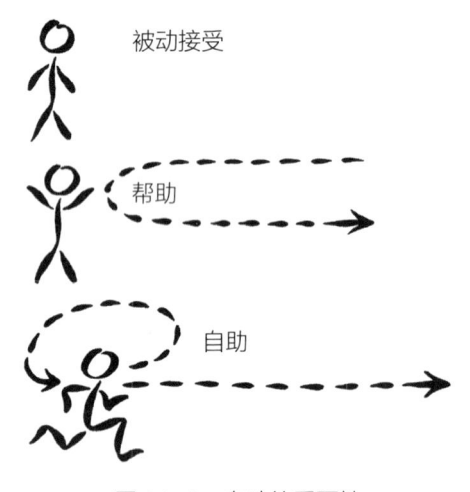

图 14-2　自助的重要性

第 15 章
思考

思考是积极革命的终极方法。

积极革命的成员不只是敬业的辛勤工作者,也是思考者。如果你去推一堵墙,不管怎么使劲,墙都不会倒下,但你可以一点点地把墙拆下来。

最大限度地利用资源需要思考,设计建设性的行动需要思考,创造性地解决问题需要思考,计划项目需要思考,发现和定义贡献需要思考。

积极革命所需要的思维方式与传统思维方式截然不同。我们需要的不是攻击、批评、辩论、冲突的思维方式,不是律师和政客常用的思维方式,也不是热衷于指出社会问题的人的思维方式(尽管这可能很有价值)。

我们需要发展和练习建设性思维的具体技能。积极革命的团体成员可能需要花时间直接练习这些技能,以便更好地以这种方式进行思考。通过前文提到的 CoRT 思维训练可以实现这一点。每次团体例会时,都可以花些时间来进行这种练习。

▶▶▶ 六顶思考帽

这是一种非常简单实用的方法,可以用来培养建设性思维的习惯,它有点像角色扮演。

在这种方法中,有六顶不同颜色的思考帽,思考者想象自己戴上或摘下某顶思考帽。以下是这六顶思考帽。

白色思考帽:代表信息、数据和事实。当你使用"白帽思维"时,你想要的只是信息,而不是观点或论点。

红色思考帽:代表情绪、感觉和直觉。戴上红色思考帽时,思考者可以提出自己对某个主题的直接感受,而不需要为这些感受做出解释。如:"就红帽思维而言,我认为这是一个很糟糕的项目。"

黑色思考帽:代表警告和判断。戴上黑色思考帽,我们可以看到危险和困难,以及为什么有些事可能行不通。

黄色思考帽:代表乐观和积极。黄色思考帽让我们思考为什么有些东西会起作用,做这件事的价值是什么,如何做成某件事(图 15-1)。

绿色思考帽:代表创造力,包括新想法和备选方案,

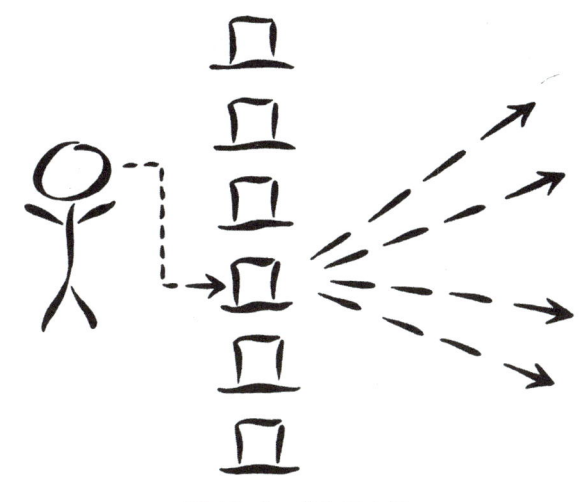

图 15-1　黄色思考帽

提议和反驳。绿色代表植物和生长的力量。

蓝色思考帽：负责把控整个过程。蓝色思考帽让我们从旁观者角度审视自己对某件事的想法。运用蓝色思考帽，我们可以决定下一步如何思考，决定接下来要戴哪顶思考帽。蓝色思考帽也可以帮助我们总结当下的思考进行到何处。

在讨论的过程中，你可以要求某人戴上或脱下某个思考帽。如果某人表现得非常消极，你可以说："这是很棒的黑帽思维方式，现在我希望你能试试黄色思考帽。"

你可以要求整个团体的成员戴上同一顶思考帽，你可以说：“我希望这里的每个人戴上绿色思考帽四分钟，并提出一些解决问题的新方法。”

你也可以说自己正戴着某个思考帽，如："使用红色思考帽，我认为这是一个很棒的想法"，或者"使用黑色思考帽，我想指出这个项目可能会价格高昂，因为打印成本很高"。

为了充分探索某个主题，你可以提前制订一个计划，列出将依次使用哪顶思考帽："我们将从代表信息的白色思考帽开始，然后用绿色思考帽找到处理问题的方法，接着是黄色思考帽，再用黑色思考帽衡量每种方法是否可行，最后用红色思考帽提出我们的感受。"

对于思考来说，光有智力是不够的，许多高智商的人都不善于思考。他们可能只是将智力用于捍卫自己的观点，而不是对主题进行探索。他们可能会用智力去破坏而不是去建设。

智力就像汽车的马力，它只是一种潜能。思考能力就像驾驶能力一样，我们必须通过学习才能学会开车，所以我们也必须通过学习才会建设性地思考。有些车可能动力强劲，但因为司机的关系没有被好好驾驶；也有些人可能智力超群，却没有被有效利用。

因此,革命的意志和态度(积极的和建设性的)需要辅以能设计出强大贡献的思维,然后这些设计才能通过纪律和高效的习惯付诸行动。通过这种方式,可以将所有力量集中起来,真正实现促进社会改善,增进人民福祉。

传统思维方式的建设性不足,我们需要新的思维方式。

第四部分

力量

思考的革命

EDWARD DE BONO

第 16 章
力量源泉

积极革命的力量从何而来？

传统革命利用枪弹、炸药的力量来达到目的，那么积极革命使用什么力量呢？

积极革命的力量来源主要有以下几种：

- 积极和建设性态度的力量。
- 优秀人士的力量。
- 感知的力量。
- 思考和信息的力量。
- 协作与结盟的力量。
- 支持的力量。
- 传播的力量。

》》积极和建设性态度的力量

积极的态度能带来力量，建设性的态度可以让事情发生。

比起冷漠与消极，很显然积极和建设性的态度可以促成更多的结果。

如果给你的车换一个马力更强劲的引擎，那么你就有可能超过其他车（前提是你的驾驶技术也很好）。

因此积极和建设性的态度将直接提升个人及社会的力量。

持消极态度的人会说，有些事情是做不到的。

持冷漠态度的人会说，他对什么事都无能为力。

而持建设性态度的人则会着手寻找把事情做成的方法，然后去做。

如果你周围有积极的、具有建设性的人，你就会知道，这些态度对行动有多大的推动作用。

优秀人士的力量

积极革命旨在培养最优秀的人才。

这是通过强调自我提升（积极革命的第四项基本原则）和教育来实现的。

这是通过强调效率和贡献来实现的。

这是通过强调思考、计划和创造力来实现的。

这是通过强调尊重和人的价值（积极革命的第三项基本原则）来实现的。

随着时间的推移，这些优秀的人才将通过高效和建设性的态度获得成功。他们将在工作和社区层面取得成功。他们将进入成熟且发展良好的机构，因为很显然他们是最有效率的人，在这些岗位上他们将能够充分发挥他们的能力。

这些人没有敌人，也不会主动树敌。他们愿意与任何同样对社会进步抱有建设性态度的人合作。

许多已经在重要位置上的优秀人士也可能会发现积极革命的优点及其建设性态度，并希望以公开或私人的方式成为积极革命的一员（图 16-1）。

感知的力量

感知的力量并不十分明显，它含蓄而缓慢，但又十分强大。

感知的力量是改变价值观、树立价值观的力量。例如，九大分类的命名方式树立了一套适用于任何个体的

图 16-1 优秀人士

价值体系,这套价值体系可以影响周围人看待和对待某个人的方式。它使同辈压力或群体压力成为可能,而这是改变行为最有力的方式之一。

积极革命的价值观和态度可以通过媒体(电视、广播、网络、报刊)传播,从而成为社会文化的一部分。举例而言,通过这种传播,对于热衷批判或态度消极的人，我们或许不会再对他保持现有的尊重程度。

当有了新的名词来指代"博弈"和"必要的政治言论"这样的概念时，我们就会对正在发生的事情有更清晰的感知，而这会影响人们的行为。

提高感知能力意味着不会轻易被情绪、激情、形容词、敌人和口号所迷惑，仇恨的力量也会减弱。

此外，在进行语言交流时，幽默和适当的揶揄也是有用的。

>>> 思考和信息的力量

在积极革命中，强调计划和创造性思维意味着会有新的更好的方法来解决问题，因此会有更好的想法带来的力量。

不同于破坏性行为的粗暴力量，我们得到的会是有计划的努力带来的打破平衡的力量。在柔道的搏击技巧中，不是要对抗对手的力量，而是要让对手失去平衡从而战胜他。只要时机恰当，一块很重的石头也可能被轻易推倒。创造性思考者会持续思考，直到找出可行的解决方案。

积极革命非常强调个人之间和团体之间的信息和信息网络。信息就是力量，无知就是弱点。只要知道如何去做一件事，你就能做到。如果你知道自己在干什么，你的行动就会更加合理。

积极革命的态度意味着艰巨的任务变成了挑战，挑战不是绝望的信号，而是获得更多信息、更多思考的积极信号。

我们生活在信息时代，任何团体只要学会通过感知和思考有效利用信息，就能处于非常强大的地位。

积极革命的成员不会被旧的思维方式所束缚。

>>> 协作与结盟的力量

当组成金属块的所有小磁铁都指向同一个方向时，金属块就变成了有磁力的磁铁。微小的力量通过协作也可以产生强大的效果。

如果每个消费者都做出同样的消费选择，那么结果可能是毁灭性的。如果每个人都决定不在价格过高的商店购物，那么这家商店就会倒闭。如果以建设性的方式使用，消费主义和抵制的力量也可以带来良性改变。没有顾客就没有买卖。

在印度,甘地将群众的力量作为其非暴力抵抗运动的核心武器。

在某些情况下(如抵制行动),协作的力量以消极的方式发生作用;但也可以通过积极的方式利用这种力量。消费者可以选择在他们认为物美价廉的商店购物,而不是去抵制某一家店。积极利用协作和结盟更符合积极革命的原则。

积极革命的成员可能会为具有建设性和积极态度的政治候选人宣传拉票。

>>> 支持的力量

在民主国家,选民投票的选择极大影响着政客的行为。当积极革命广受认可后,政客们将不再能够通过攻击他人或发表负面言论获得足够的支持。人们会期望政客具有建设性。积极革命并不急于拥有自己的政治候选人,一开始先对其他候选人产生一定的影响作用就可以了。

积极革命的理念让所有持积极和建设性态度的人成为一个团体。这并不是一种正式的联盟,但它可以通过观察政治候选人对积极革命的看法和他因此做出的亲民决策来评判这个政治候选人。

任何重要的选票阵营对政治候选人都非常重要,所以"积极革命阵营"的力量可能与其规模不成比例。

前文我们已经说过,积极革命成员可以选择为候选人拉票。

积极革命的成员不以"黄色政党"的身份直接寻求政治权力,而是继续对其他各个政党进行支持,这是更好的做法。这是因为,聚焦于某个特定的政党会削弱其支持力量的倍增效应。

积极革命永远不应该与任何一个政治团体永久结盟。某个个体可能会因其积极和建设性的行为得到支持,但永久的结盟会破坏积极革命的广泛性。

你可以直接询问竞选公职的候选人他们是否支持积极革命的原则,以及对于积极革命他们会做些什么。这样的沟通可以使承诺更加长久。

≫ 传播的力量

积极革命的终极力量是传播的力量。

当大多数人都加入了积极革命，那么积极的、建设性的态度和创造性的思维就可以用于改善社会。

当大多数人理解并接受积极革命的五项基本原则时，社会就已经变得更好了。

所以，传播的力量才是终极的力量。

积极革命传播的力量取决于很多方面。

建设性概念本身的价值会使有能力的人愿意理解和支持这些概念。

积极革命可以吸引一些现有的团体认同这些概念。

积极革命可以通过口口相传或团体活动传播。

积极革命还可以通过黄皮书、标志、新名词、媒体等传播。

>>> 水的力量

石头、子弹、炸药都充满力量，水也有它的力量。

水的力量是缓慢的，但随着时间的推移，它可以侵蚀广阔的土地和幽深的峡谷，循序渐进，水滴石穿。

水无定形，却可以因地制宜发挥力量。水可以被建设性地用于水力发电、运河灌溉、河道航行等。

水是生命之源,必不可缺。

积极革命的力量就像水一样。

广袤土地上的降水最终汇聚成浩荡江河,每一颗小雨滴都做出了它小小的贡献。

第 17 章
社会群体

积极革命是以人为本的。不仅如此,积极革命是以个体为基础的。每个个体在内心和行动中都参与了积极革命。为了使自己的贡献更加有效,个体可能会聚集在一起组成团体或圈子。

积极革命不与任何特定社会群体结盟,而且应该避免这类固定的结盟,因为这会限制积极革命的广泛性。

但某些特定的社会群体可能已经发生了积极革命。在这种情况下,我们可以看到积极革命的目标和方法如何与其他群体的目标和方法相适应。

虽然积极革命的力量来源于个体,但不同社会群体的态度可以加速或减缓积极革命的传播。为了防止产生误解,有必要弄清楚积极革命是如何与某些社会群体联系起来的。

任何现存的社会群体都可以站在旁观者的角度等着看积极革命的成果。他们的反应可能包括反对革命、支持革命、无视革命。

我们必须记住,积极革命对社会而言是一个极好的投资机会,如果无视这个机会,它可能再也不会出现。

积极革命并不谋求推动任何一个社会群体的目标实现,而是致力于推动所有希望改善社会、造福人民的群体的目标实现。这是一种更广泛的目标。

积极革命没有敌人,因为它不需要敌人。积极革命的力量不是通过定义、仇恨、攻击或消灭一个敌人而获得的。

我们将讨论以下几类群体:

- 老年人
- 年轻人
- 媒体
- 企业
- 艺术界
- 工会
- 政党
- 其他革命群体

老年人

随着年龄的增长以及退休的到来,老年人发现自己有了更多的时间,但突然之间,他们在社会中的角色崩塌了,突然之间,他们从生活的参与者变成了旁观者。

这其实非常遗憾,因为老年人拥有年轻人尚未获得的智慧和经验。

老年人仍然需要有参与的机会,并能感到自己是重要的。积极革命是实现这一目标的理想方式。从忙碌的职业生涯中退休后,老年人可以参与到积极革命的"贡献"生涯中。

年轻人也许有意愿和精力为积极革命做贡献,却没有时间。老年人则拥有时间这种稀缺资源。除此之外,他们还有智慧和实践经验,这对把事情做好也是很重要的。

然而,老年人需要提防对事物消极和无动于衷的态度,提防对解决事情无能为力的感觉。

老年人将直接受益于积极革命倡导的"尊重"原则。他们也会从"贡献"中获益,因为积极革命的很多贡献方式都涉及帮助老年人。老年人有时间进行自我提升和为他人提供教育。在教育方面,老年人非常适合将自己的知识传授给他人，在这个过程中，他们会觉得自己为建设更好的社会做出了贡献。

积极革命可以为所有这些提供基础，通过人们去实现它。

老年人也为社会树立了价值观。老年人是很好的沟通者，他们有更多的时间去交流。

最主要的一点是积极革命给了老年人一个机会，让他们比年轻时更积极主动地为社会做出贡献。

老年人不太可能参与到以子弹和炸药为武器的传统革命中，但积极革命的各类活动他们都可以参与。这既包括主动做出贡献，也包括不论年龄、人人平等的投票权。

许多国家都在面临人口老龄化的转变。老年人将因此获得更多的政治权力。积极革命是一种理想的方式，可以通过建设性的方式发挥老年人的力量。

>>> 年轻人

年轻人要么很无聊，要么在忙。他们有时间，有精力，总想找点事情打发时间、释放精力。

他们打发时间的最简单办法就是约会、听音乐、吃饭、看电视、刷社交媒体，时间被安排得满满当当。很快，他们就有了家庭和责任，所有的时间和精力都被生存和赚钱、谋生占据了。

年轻人有使命感，也有挫败感。他们想做些什么，想做一些让社会变得更好的事情，但他们感到无从下手，重要的权力都掌握在成熟的成年人手中。

年轻人缺乏耐心。

正是因为这些原因，年轻人有时会在传统的破坏性革命中找到兴奋感和使命感。

年轻人喜欢在团队中工作，因为这样能看到更多熟人，也能结交新朋友。

积极革命可以很好地利用年轻人的精力，并为其提供年轻人需要的使命感。在积极革命的框架之中，年轻人可以建立"行动小组"来计划和实施具体的贡献。这就形成了前文提到的积极革命黄色圈。

年轻人在这些圈子里一起工作，寻找需要他们的领域，并计划和实施他们的贡献。通过这种方式，年轻人获得了参与感、成就感和责任感。

他们发现"去做"和坐着打发时间一样有趣。

潮流总是在年轻人中飞速传播。黄色袖章（或手环）很快就会在年轻人中传播开来，并随之传播积极革命的信息和理念。分类命名的术语也会很快在他们中间流行起来。这些价值观会伴随他们一生。

积极革命的准则可以使年轻人感受到他们正在以一种切实而又循序渐进的方式改善社会。这一点非常重要。年轻人可以计划并实行看得见的建设性小举措，而不是等待所谓的伟大革命或无动于衷（"我无能为力"）。

因此对年轻人而言，积极革命不仅是一项使命，还是一种活动和娱乐的方式。

>>> 媒体

媒体（网络、报刊、广播、电视）应该在积极革命中发挥主导作用。

有些媒体人希望看到媒体在社会中扮演比爆米花更严肃的角色。媒体在日常生活中扮演着不太重要的角色，即在有需要的时候提供消遣。

人们更大的愿景是希望媒体作为推动社会变革的最重要力量。

传统意义上的媒体关注的焦点是争议、冲突、对抗、丑闻和批判，并以此作为改变社会的一种方式。这是因为这类冲突事件本身就非常吸引人。结果是加重了社会的两极分化，也加重了人们的不满足感。一味地抱怨和批判比采取建设性行动要容易得多。只要你愿意，总是可以对任何事情做出批评。

但媒体行业中有一些编辑和记者愿意在改善社会方面发挥更积极的作用。

积极革命为建设性的努力提供了这样一个框架。

媒体可以精确定位社会中需要建设性贡献的领域。

媒体可以突出有建设性的个人和团体活动，向大众展示这些人和团体是怎么做的。

媒体可以关注和跟踪自立自助的项目。

网络和电视可以设立以黄色为标志的积极革命特别节目，用于展示建设性的新想法和做事的方法。

媒体可以设立基础的教育节目，包括思维技能课程，这可以很容易地通过网络或电视进行教学。

媒体可以直接传播积极革命的积极和建设性态度。

这都比成为爆米花重要得多，但对于媒体工作者和经营者来说，这是一个挑战。

媒体可以通过小品、漫画、肥皂剧、博客、社交媒体等成熟的方式建立人们的价值观。

>>> 企业

通常而言,财富必须先被创造,然后才能被分配和享受。

积极革命的建设性和积极态度强调了这一点。

在积极革命中,我们关注"贡献"这一概念,而不是索取、抱怨和攻击。

企业中曾经存在,且现在仍然存在着贪婪和剥削。这些可以被控制,但不是通过直接攻击企业这个概念,也不是通过奖励冒险行为,而是通过信息传递、消费者联合行动的力量和贡献的概念。

企业必须愿意把自己当前和未来能做的贡献讲清楚,这是抵御破坏性力量的最佳保障。

积极革命感兴趣的是着手去做和使事情发生,是创造力、计划和有效的行动。这些都是企业活动的本质,企业追求创造、设计、增值和高效。

积极革命的工作圈是一种直接而具体的方式,人们可以通过它对自己的工作产生兴趣，并想办法让工作变得更好。企业应该和员工合作起来建立这样的圈子，并关注这些圈子产生的成果。

企业需要员工。员工的素质越好，企业的效率就可能越高。积极革命对自我提升和教育的强调完全符合企业的利益。积极革命对"有效性"（第一项基本原则，即大拇指）的着重强调，为企业提供了最有价值的资产。

企业的社会目标与积极革命的目标是并行的，因此积极革命在很大程度上符合企业自身利益。

在世界上大多数国家，一些企业的不负责任和剥削行为正受到信息、法律和社会压力的制约。只要企业继续作为重要贡献者在社会中发挥作用，在社会中就有它的位置。

企业的生产价值对于提高人们的总体生活水平至关重要。在积极革命中，以财富增值为唯一目的的投机和操纵金钱的行为并没有很高的价值。在未来，企业还需要现有的组织和思维能力来解决诸如污染等很多问题。企业需要更加积极主动，而不仅仅是关注自己的直接利益。企业需要以贡献取代自私，力量越大，贡献的潜能就越大。

艺术界

和媒体一样,艺术在积极革命中扮演着关键的角色。但是也像媒体一样,这并不是一个简单的角色。

就像媒体喜欢争议和冲突一样,艺术也喜欢人类极端情感。传统意义上的艺术关注的是战争的荣耀和革命的牺牲。因为极端行为包含了极端情感,战争和破坏一直是艺术的温床。

但艺术也有另一面,那就是平凡的艺术,是普通人做平凡事的艺术,是人类的精神之美。做到这些要难得多,因为它很容易枯燥乏味。没有戏剧的内在刺激和伟大的情感,这将对艺术家有更高的要求。梵高可以将一把简单的椅子或一些普通的花画成艺术杰作。过去的绘画大师可以画家庭群像,也可以画一个带着孩子的母亲。

艺术的目的在于捕捉革命的精神,将这种精神具体化,并使其发扬光大。艺术的目的是反映新兴价值观,定义新的英雄,以便人们能将这些信息融入自己的感知。

艺术应该通过积极革命做到这一点。积极革命需要的新名词给了艺术家新的机会和新的挑战。

工会

在历史上,建立工会是为了保护工人的权利,抵抗早期的资本家。这一功能非常有价值,因为当时(在今天同样适用)资本家的利益与工人的利益是对立的,就像资本家希望降低成本从而增加收益一样。

今天的工会通常同时扮演两个角色:一个角色是继续代表工人的利益,另一个角色是作为类似政党的存在,有自己的社会变革目标。

当工会要求提高工人工资时,可能会有几个目的:也许是为了赶上其他行业的工资增长;也许是为了赶上生活成本的增长;也许是希望公平地分享商业利润所得;也许是尝试获得尽可能高的工资,因为他们认为,增加的工资最终将通过提高产品价格的方式转移到消费者头上。

所有这些都是合理的愿望,但这中间存在一个企业涨薪压力与工人利益的平衡点。一旦超过这个平衡点,企业就不得不大幅提高产品价格,从而失去产品竞争力,失去市场份额。一旦超过这个平衡点,企业利润就会变得很低,以至于企业主或外部投资者认为不值得对企业进行更多投资,于是基础设施无法持续升级,最终企业会面临倒闭。一旦超过这个平衡点，人们对涨薪的诉求和产品价格上涨的影响会引发人人都要遭殃的通货膨胀。

在传统的对抗性模式中，工会尽其所能施压，管理层尽其所能抵抗，最终达到某个平衡点。

在一些国家，一些工会的处事模式已经出现了从传统的对抗性模式向建设性模式的转变。管理层和工会都认识到，企业的存在是为了服务于四个群体：投资者、工人、管理层和消费者。

有时需要管理层和工会双方角色互换，从攻击－防御模式切换为建设性模式。

积极革命为工会提供了一个机会，使其在代表成员真正利益方面发挥更大的作用。贡献的核心理念是要求工人做好工作，要求管理层公平地支付工资。

积极革命的创造性思维的设计，为制订新合同和解决纠纷提供了更好的方法。

积极革命强调自我提升、教育和有效性，这符合工人的个人利益，也符合工会的利益，因为更好的工人意味着更高的生产力，同时也为工人要求涨薪打下了坚实基础。

工作圈也是提高生产力的一种方式，这意味着工人将获得更高的工资和在市场上更有保障的未来。

在一个竞争激烈的世界里,破坏模式的工会行为已变得不那么重要了,人们普遍转向了建设性模式。但是一如既往地,工会必须警惕剥削行为的出现。

≫ 政党

每一个政党都声称其最终目的是维护人民利益,改善社会现状。他们可能会补充说,这要通过提高人们的生活水平和维护法律秩序来实现。

各党派在价值观、政策、改善措施及执政人选方面存在分歧。

可能有些政客为了掌权而掌权,他们纯粹出于兴趣进行政治游戏。也有些政客觉得他们被选举出来,仅仅是为了代表自己选区选民的利益,他们对社会的整体改善毫无兴趣。还有些政客只对某个特定问题感兴趣,比如环境或农业问题。也有一些政客代表贫困地区。

然而,我们可以尝试探索所有政党是否可能在一些基本假设上达成一致。

- 能否假设如果人们具有建设性而不是破坏性,国家会运转得更好?

- 能否假设如果人们多做贡献少抱怨，国家会运转得更好？
- 能否假设如果人们变得更加高效，国家会运转得更好？
- 能否假设如果人们受教育率得到提升，国家会运转得更好？
- 能否假设如果人们富有创造力而不是吹毛求疵，国家会运转得更好？
- 能否假设如果人们支持最有建设性的政治候选人，国家会运转得更好？

在某些特殊情况下，我们可以不同意上述假设。例如，如果我们面临大规模的腐败，当务之急是批判而非创新（尽管也可以创造性地找到阻止腐败的方法）。当然，还有很多其他的特殊情况。然而一般来说，任何不同意上述假设的政党都必须解释其不同意的原因。

如果一个政党认为人们没有受过教育比受过教育更好，那么它就必须解释它持有的这一观点。也许是因为没受过教育的人更容易被领导，也更容易被愚弄。

上述所有假设同样对经济发展有利，因为经济发展也取决于建设性态度。我们可以假设，所有政党都希望从不断增长的经济中获益。

既然积极革命的原则具有如此的广泛性、建设性和积极性，我们可以假设，所有政党都会愿意支持积极革命。

如果某个政党不愿意支持积极革命，那么可以合理要求该政党解释为什么它不愿意支持。

请注意，积极革命并不是从任何特定的政党、部门或团体中出现的。否则一个政党可能会以它是由对立政党创立为由而反对它。

基于上述原因，支持积极革命符合所有政党的利益。

》》其他革命群体

也有一些其他革命群体把为了维护人民利益而改善社会作为目标。

这些群体可能有不同的价值体系来定义何为一个"更好的社会"。

这些群体可能认为只有摧毁某些制度和机构，社会才能变得更好。

最重要的是，这些群体的不同之处不在于最终目标，而在于实现目标的方式。

传统的革命群体以传统的辩证法来界定敌人。敌人会被憎恨、攻击和消灭。他们认为，只有通过这种方式，才能建立一个公正的社会。斗争可能会持续很长时间，其间充满艰辛、苦难和鲜血，但这一切都是值得的。斗争越是艰难，最后的结果就越值得，斗争本身几乎就成了目的。斗争给人一种归属感、一种承诺、一种使命、一种决策方式。斗争形成了一种价值体系。

大多数革命者都有一些共同的特征，包括：远见、承诺、使命和采取行动的意愿。

以下是两个关键问题：

1. 传统革命者是为了自己的利益而享受仇恨、攻击和破坏，还是仅仅将其作为达到最终目标的手段？

2. 传统革命者选择仇恨、攻击和破坏的方法，是因为这是唯一可用的革命方式吗？

如果选择传统的革命方式是因为那些想要改变社会的人没有其他选择，那么积极革命可以为其提供一个新的可能性。

真正的革命者会发现，这种新选择的吸引力在于它的广泛性和实用性。这类革命者可能会将他的才能和献身精神转向新的革命方式。

第 18 章
存在的问题

世界上还存在贫困、健康、内部衰败、犯罪、暴力、法律和秩序，以及环境污染、产业竞争等问题。

确实存在很多问题，但是我们可以一一指出并找到解决方案。事实上，我们正在这样做，有些问题已经找到了答案。但也有很多人觉得，这些零散的解决方案要花很长时间才能找到，而且这些答案还不足以解决问题。

归根结底，一个社会的基本文化和态度与快速解决问题同样重要。如果态度正确且有建设性的习惯，那么解决问题就容易得多。否定的态度在指出问题时很有用，但在解决问题时就没那么有用了。有些问题可以通过消除造成痛苦的因素简单地解决。假如你坐在一个大头针上觉得很疼，只要把大头针拿掉就好了。然而，大多数问题要复杂得多，不是消除某个因素就能解决的，而是需要一种建设性的、创造性的和计划性的方法。这不像是你的政治对手回答错误时你假装知道正确答案，很多时候根本没有正确答案,两党需要共同努力寻找答案。传统政治的反复推拉,有时被认为是一种遵循特定仪式的默剧。

因此,人们渴望更积极、更具有建设性的思考方式,这就是积极革命的意义所在(图18-1)。积极革命并不能立即解决所有问题,但它会为解决问题提供更好的基础,也会为建设更美好的未来提供规划。积极革命还可以让人们为这个更美好的未来努力,而不是觉得只要抱怨几句就做出了足够的贡献。

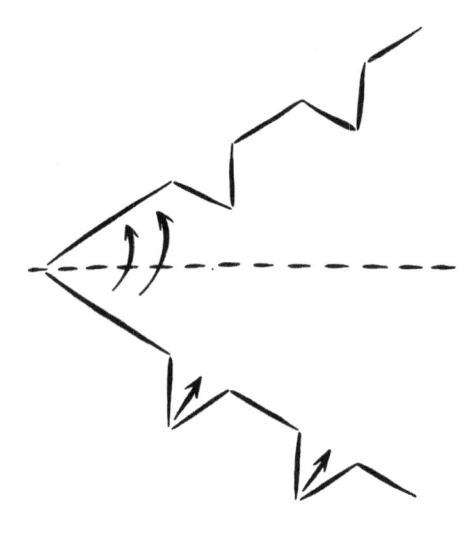

图 18-1　问题解决

第 19 章
总结

这是一本关于积极革命的个人指南。这本书篇幅很短,因为它以实用为首要目的。书中提出了积极革命的原则和方法。

传统革命是消极的,通过定义敌人寻求改善社会,敌人会被憎恨、攻击和打倒。

积极革命中没有敌人。积极革命没有中央组织,也没有教条。积极革命是以个体、每个人的态度和感知为基础的。

每个人都可以成为积极革命的一员。个体可以独立工作,也可以参与到团体中一起工作,利用组织的力量使自己的贡献更有效。

就像雨滴一样,微小的力量汇集在一起能形成江河湖海,最终塑造出壮美景观。

积极革命发生时会带给你正面的体验。这不是为了某个终极目标做出牺牲,而是一步接一步地迈出积极而有建设性的脚步，每实现一个小目标再制定下一个新目标。

积极革命的标志是黄色和五指张开的手。我们用手指代表积极革命的五项基本原则：

大拇指：代表"有效性"。没有拇指，手就不能发挥作用；脱离有效性，就不会有积极革命。

食指：代表"建设性"。食指指的是前进的方向，这个方向是建设性的、积极的。

中指：代表"尊重"和人的价值。这是最长的一根手指，因为人的价值以及获得尊重比什么都重要。

无名指：代表"自我提升"。这是指努力让自己每天变得更好一点，更好的人可以进行更好的革命。

小指：代表"贡献"。小指虽小，却象征着贡献再小也是有价值的，小的贡献叠加起来会产生大的效果。

五指张开的手会时刻提醒你积极革命的原则。

积极革命的武器是感知而非子弹和炸药。感知可以改变我们的价值观，改变我们看待人的方式。为了便于感知，我们提供了一个分类框架，以通过这个框架来观察他人。九大分类中有四个积极的类别、四个消极的类别、一个中立的类别：

第一类人：领导者和组织者。他们不仅自己做出贡献，而且使他人能够以建设性且有效的方式做出贡献。

第二类人：很重要的个人贡献者，但没有第一类人的倍增效应。

第三类人：勤奋、擅长合作、乐于助人。他们最终的贡献可能不大，但仍然积极主动努力工作。

第四类人：积极、随和、愉快、开朗。他们工作做得不错，如果你周围有这种人会感觉舒适，但是他们效率不高，甚至没有动力去提高效率。

第五类人：中立被动。这类人满足于随波逐流，他们有时快乐，有时焦虑。

第六类人：挑剔、消极、具有破坏性。这类人将智慧用于攻击而非构建，有可能比较刻薄。

第七类人：极度自私。这类人无意伤害他人，只关心自己的利益。

第八类人：恶霸。这类人利用自己的权力从别人手里得到他想要的东西，刻意剥削他人。

第九类人：精神变态，完全不尊重他人的权利或存在。这类人没有道德，没有良知。

积极革命的力量来自积极和建设性的态度，以及对有效性的强调。积极革命的力量也来自练习通过感知改变价值观。积极革命的最后一种力量则来自这些原则和分类的整合，来自有越来越多的人认为被动和消极并不是走向美好未来的最佳方式（图 19-1）。

这种力量不仅仅是群体的力量，也源自通过变得积极和具有建设性而产生的个人力量。

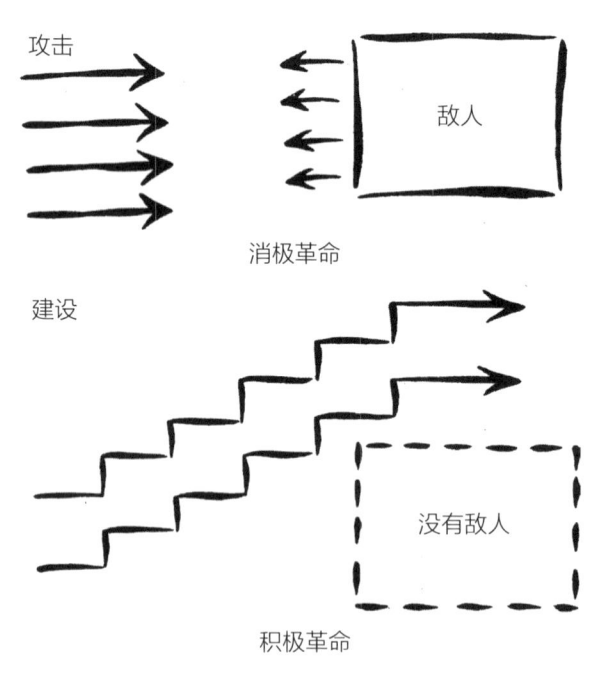

图 19-1　消极革命 vs 积极革命

附录：如何运作一个高效俱乐部

什么是高效？高效就是想做某件事，然后就去做。

为什么要建立高效俱乐部？

● 有些高智商的人效率不是很高。也许他们的高智商同时带来了怀疑、恐惧和焦虑，也许他们懒于进行理性分析。然而如果缺乏有效性，这种高智商多少就被浪费了。智力可能部分是与生俱来的，但高效是一种可以培养的技能。高效俱乐部就是一种培养高效技能的方式。

● 有些人真的喜欢高效。他们喜欢实现目标，喜欢想到就做。对一些人来说，高效几乎是一种爱好。高效俱乐部是一个既能享受高效，又能向他人展示效率的地方。

● 许多人发现他们的日常工作并不能带来太多成就感。高效俱乐部可以为你提供在你所选领域取得成就的机会。

● 有些人过着非常被动的生活：上网、看电视、听音乐、与人交谈、阅读杂志和报纸、浏览社交媒体。除了日常的生活琐事,他们几乎没有什么主动去做的事情。高效俱乐部为这些人提供了做点什么并享受其过程的地方。这对年轻人和老年人来说尤其重要。年轻人有用不完的精力和需要练习的技能,老年人则需要一些机会来发挥他们的聪明才智。

- 与其他俱乐部一样,高效俱乐部也有社交功能。与他人见面、一起做事本身就是目的。高效俱乐部有积极的目的,不仅仅是开会和聊天。

- 积极革命要求参与者具有建设性,可以只在态度上有建设性,但最好是在行动上也有建设性。高效俱乐部就提供了这样一个建设性行动的框架。

总体概述

高效俱乐部由这样一群人组成:他们定期聚会,为自己设定行动任务,然后反馈这些任务的进展情况。由于效率是思考和行动的结合,高效俱乐部涉及制定任务、思考任务如何执行,以及做必要的事情来完成任务。遇到的困难、问题和取得的成就会在高效俱乐部的成员间进行分享。

高效俱乐部可能同时执行多个任务，也可能由单独的任务小组来执行不同的任务。

任务清单

每个高效俱乐部都有自己的任务清单。随着时间的推移，来自不同高效俱乐部的清单可能会被整合，形成一个潜在任务的总目录。高效俱乐部的成员需要构思和设计任务，这本身就是有效性的一部分。任务应该带来价值，且这种价值不应该以牺牲他人或破坏环境为代价。

我们常常认为，具体要做什么工作是显而易见的，可以直接雇个人来做。但工作内容的设计本身就是一门艺术。怎样做才能提供价值？假以时日，甚至会出现"工作打包员"这一职业，在某种程度上，这就是企业家正在做的。高效俱乐部不应该只执行显而易见的任务，还应该努力设计新的任务。而新任务应该有部分是容易完成的，只设置不可能完成的任务毫无意义。技巧和信心不是通过这种方式建立起来的。

高效俱乐部的例行任务之一就是每月的聚会，每次由俱乐部的两名成员负责。这些聚会不仅面向高效俱乐部的会员，也面向俱乐部以外的个人、朋友和潜在会员。

这些聚会提供了一种具体的任务，参加聚会的人可以进行规划和实现。

报告

在高效俱乐部的每次例会上，负责汇报的人都要对进行中的任务和项目做报告，这是例会流程的关键部分。这种报告通过已经完成的事情给大家带来成就感，也为剩余任务的完成设定了最后期限。对于任何任务，报告可能包含以下类型的描述：

● 空格、空白、没有行动、什么都没做，因为不知道该做什么，也不知道如何开始。

● 拖延、懒惰和不作为，不是因为不知道要做什么，而是因为缺乏意志或精力去做。

● 遇到的分歧、阻力和困难。没有大的障碍，但有点举步维艰。

● 报告已经完成的小步骤，即使这些步骤比预期的要小得多。

● 顺利完成设定的目标。

在反馈的过程中，俱乐部的其他成员可以提出问题——不是以批判的方式，而是探索哪里出了问题，或者如何取得成功。

成员

高效俱乐部的成员最少需要两个人，最多不超过八个人。一个成长中的俱乐部可能会超过八个人，但后续应该拆分成多个俱乐部。高效俱乐部的每个成员都应该试图加入两个俱乐部，首先是作为会员参与的一个俱乐部，然后是作为组织者发起的另一个俱乐部。因此每个成员既是追随者也是领导者。

时间

高效俱乐部例会应每月举行一次。许多组织的经验表明，有必要设定一个确定的日期，例如每月的第一个星期一。最好是有一个固定的日期，偶尔可以进行调整，而不是每次都试图找到一个所有成员都可以参与的时间。

高效俱乐部例会的常规部分需要两个小时。在开会过程中，会员可以要求被给予额外的时间，例如汇报一个冗长的项目，或者寻求对项目的新思考和帮助。这些额外的时间将在常规会议结束之后延长，每个会员要说明自己额外需要多少时间。俱乐部的一些成员在这段额外时间可能无法出席。

仪式

人类天生反感做作和拘谨。然而经验表明，仪式感强的组织往往更成功，持续时间更长。这是因为仪式虽然在当时看起来毫无意义，但即使在成员暂时缺乏热情的情况下，它也能为其提供继续前进的动力。另外，仪式还可以增强归属感。

守时是一种仪式，守时也是高效的一部分。守时是纪律的最简单表达，为了专注于手上的事情，这种纪律在思考和行动中很有必要。因此高效俱乐部的例会应该按时开始和结束。

黄色是积极革命的颜色，也是高效俱乐部的颜色。每个俱乐部都可以选择一件黄色的物品作为会议的标志或吉祥物。

声明

每次会议开始时，组织者都会宣读高效俱乐部的宗旨。内容如下：

"通过计划、设计和执行任务及项目，提供一个培养、训练和享受高效的环境。高效俱乐部不得进行任何违法、不道德或对任何生物或环境有害的行为。任务和项目的价值必须事先明确界定。高效俱乐部不应被用于政治目的。"

会议议程

高效俱乐部例会应当遵循以下议程：

1. 会议开始，朗读高效俱乐部的宗旨，对未出席会员的缺席行为进行道歉及解释。（5分钟）

2. 直接练习思维技巧。（20分钟）

3. 提议并设计可以加入项目目录的新项目，也可以讨论俱乐部成员将要参与的新项目。（15分钟）

4. 汇报现有项目的进度。如果需要额外的时间，则根据具体要求的时长，安排在常规会议之后进行。（35分钟）

5. 将思考方法应用于现有项目或计划中的新项目，思考备选方案和克服问题的方法。（30分钟）

6. 为现有项目和新的任务或项目正式设定下一阶段目标。（10分钟）

7. 确定下一次聚会的时间、地点和组织者。月度聚

会可以和例会在同一天进行，也可以另行组织。（5分钟）

思维能力

效率不仅仅是精力和行动的问题，也必须思考。这不仅仅是争论或分析，也是对行动的思考，我在前文中称为"运作力"。在这个过程中可以运用六项思考帽，使用 CoRT 思维训练课，或是使用水平思考。

组织者

高效俱乐部里只有一个正式的官方人员，就是组织者。他通常是最早发起这个俱乐部的人，但如果发起者作为组织者不够有力，这个角色可能会转移到另一个人身上。组织者安排会议，并确保大家守时。组织者可以将职能委托给俱乐部的其他成员。组织者的角色是永久性的，但如果俱乐部三分之二的成员希望进行调整，组织者的角色可以随时变更。

会议纪要

会议应该保留正式的会议纪要。会议纪要不需要太过详细，那些参与了项目或任务的人可以提供一个更详细的报告，然后成为会议纪要的一部分。纪要应该记录会议的日期、出席人员以及会议讨论的主题。

成就分

不一定要给每个项目打成就分，但是对于想要使用成就分的人，这里有一些建议。

满分 20 分，以下为主要得分点：

- 任务或项目的重要性（包括价值）。
- 完成程度。
- 是否按时完成。
- 任务或项目的难度。
- 人们在完成项目过程中获得的乐趣。

懒惰

高效俱乐部的目的就是为人们提供一个高效的讨论团体。如果会员因为懒惰或拖延而效率低下，那么让他们加入俱乐部就没有意义。因此，任何连续两次缺席会议的会员都会被自动取消会员资格，除非他有充分的理由缺席，比如生病或外出旅行。

登记

我将建立一个活跃的高效俱乐部的登记册。各个俱乐部在成功举办六次会议后可以申请加入这个登记册,申请时可能要出示该俱乐部的会议纪要。

比赛和交流

当登记在册的高效俱乐部数量足够多时,我们可能会组织比赛和交流。

更多信息

有些人可能会觉得这里给出的信息不够充分。经验告诉我,有些人只会伸手要更多信息,却仍然什么都不做。高效俱乐部是为想要获得高效的人准备的。提高效率的第一步是开始行动,把它作为迈向高效的第一步。我相信已经有足够的信息让你开始行动并享受高效的过程。

德博诺（中国）课程介绍

六顶思考帽®：从辩论是什么，到设计可能成为什么

帮助您所在的团队协同思考，充分提高参与度，改善沟通；最大程度聚集集体的智慧，全面系统地思考，提供工作效率。

水平思考™：如果机会不来敲门，那就创建一扇门

为您及您所在的团队提供一套系统的创造性思考方法，提高问题解决能力和激发创意。突破、创新，使每个人更具有创造力。

感知的力量™：所见即所得

高效思考的 10 个工具，让您随处可以使用。帮助您判断和分析问题，提高做计划、设计和决定的效率。

简化™：大道至简

教您运用创造性思考工具，在不增加成本的情况下改进、简化事务的操作，缩减成本和提高效率。

创造力™： 创造新价值

帮助期待变革的组织或企业在创新层面培养创造力，在执行层面相互尊重，高质高效地执行计划，提升价值。

会议聚焦引导™： 与其分析过去，不如设计未来

帮助团队转换思考焦点，清晰定义问题，快速拓展思维，实现智慧叠加，创新与突破，并提供解决问题的具体方案和备选方案。